U0226375

脑电波时尚（Fashion on Brainwaves）产品细节，2015_22
贾斯纳·洛克（Jasna Rok）

Res Materia 产品细节, 2017_38

桑·卡森伯格（Sanne Karssenberg）

Studio PMS 数字化产品细节，2018_46

帕克·马滕斯（Puck Martens）

梅尔·克罗岑（Merle Kroezen）

苏珊·穆德（Suzanne Mulder）

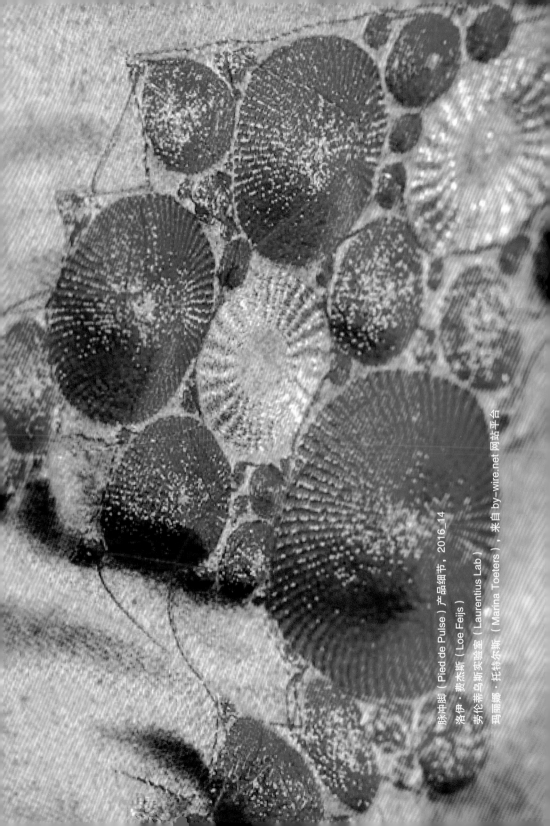

脉冲脚（Pied de Pulse）产品细节，2016_14

洛伊·费杰斯（Loe Feijs）

劳伦蒂乌斯实验室（Laurentius Lab）

玛丽娜·托特尔斯（Marina Toeters），来自 by-wire.net 网站平台

"金宝"（Kimbow）产品细节，2015_23
埃夫·鲁伯斯（Eef Lubbers）
马鲁·比默（Malou Beemer）

用于千鸟格纹的元胞自动机（Cellular Automaton for Pied-de-poule）细节，2017_14

洛伊·费杰斯（Loe Feijs）

劳伦蒂乌斯实验室（Laurentius Lab）

玛丽娜·托特尔斯（Marina Toeters），来自 by-wire.net 网站平台

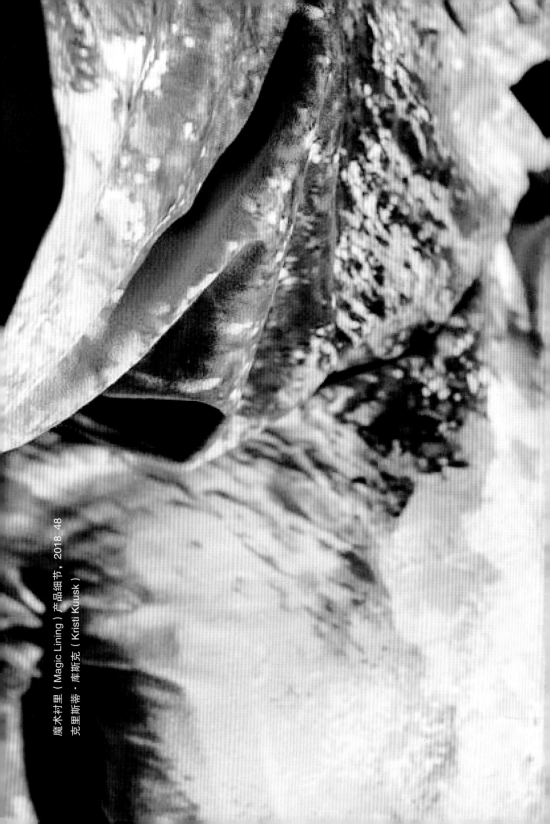

魔术衬里（Magic Lining）产品细节，2018_48

克里斯蒂·库斯克（Kristi Kuusk）

太阳能衬衫（Solar Shirt）细节，2014_16

宝琳·范·东恩（Pauline van Dongen）

展现时尚科技

光 明 未 来 的 先 驱

Unfolding Fashion Tech:
Pioneers of
Bright Futures

〔荷兰〕玛丽娜·托特尔斯 主编

陈文晖 译

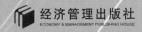
经济管理出版社
ECONOMY & MANAGEMENT PUBLISHING HOUSE

北京市版权局著作权合同登记：图字：01–2021–4427

Unfolding Fashion Tech: Pioneers of Bright Futures by Marina Toeters

原书 ISBN：9–789493–1481–47

图书在版编目（CIP）数据

展现时尚科技：光明未来的先驱 / （荷）玛丽娜·托特尔斯主编；陈文晖译 . —北京：
经济管理出版社，2021.9
ISBN 978–7–5096–8029–2

Ⅰ . ①展… Ⅱ . ①玛… ②陈… Ⅲ . ①科技技术—应用—服装设计 Ⅳ . ① TS941.2

中国版本图书馆 CIP 数据核字（2021）第 148886 号

组稿编辑：张馨予
责任编辑：张馨予
责任印制：黄章平
责任校对：董杉珊

出版发行：经济管理出版社
　　　　　（北京市海淀区北蜂窝 8 号中雅大厦 A 座 11 层　100038）
网　　址：www.E-mp.com.cn
电　　话：（010）51915602
印　　刷：唐山玺诚印务有限公司
经　　销：新华书店
开　　本：710mm×1000mm/16
印　　张：11.25
字　　数：167 千字
版　　次：2021 年 11 月第 1 版　　2021 年 11 月第 1 次印刷
书　　号：ISBN 978–7–5096–8029–2
定　　价：68.00 元

光明未来的先驱

2000_2020

开拓者列表

（按出现顺序）

2000-09_01

飞利浦（Philips）

2007_02

玛丽娜·托特尔斯（Marina Toeters），
来自 by-wire.net 网站平台

2009_03

梅丽莎·科尔曼（Melissa Coleman）

2009_04

玛丽娜·托特尔斯（Marina Toeters），
来自 by-wire.net 网站平台；
杰西·阿杰斯（Jesse Asjes），
来自 JSSSJS 设计工作室

2009-14_05

安雅·赫腾伯格（Anja Hertenberger）；
芭芭拉·佩斯（Barbara Pais）；
丹妮尔·罗伯茨（Danielle Roberts）

2009-16_06

盖尔·肯宁（Gail Kenning）

2010_07

欧洲航天局（ESA）、by-wire.net 网站平台

2010_08

蒂姆·沃尔特（Tim Walther），
来自乌得勒支艺术大学
（University of the Arts Utrecht）；
玛丽娜·托特尔斯（Marina Toeters），
来自 by-wire.net 网站平台

2010-14_09

飞利浦研究中心（Philips Research）

2012_10

劳伦蒂乌斯实验室（Laurentius Lab）；
飞利浦研究中心（Philips Research）；
来自 by-wire.net 网站平台

2012_11

m.nster. 和 Studio Roosegaarde
设计工作室为鳄鱼（Lacoste）品牌设计

2012_12

Contre Choc 设计工作室；
by-wire.net 网站平台

2012-15_13

梅格·格兰特（Meg Grant）；
拉尔夫·雅各布斯（Ralf Jacobs）；
玛丽娜·托特尔斯（Marina Toeters）；

安妮拉·霍伊廷克（Aniela Hoitink）

2013-17_14

劳伦蒂乌斯实验室（Laurentius Lab）；

洛伊·费杰斯（Loe Feijs）；

玛丽娜·托特尔斯（Marina Toeters），

来自 by-wire.net 网站平台

2013-15_15

埃因霍温理工大学（Eindhoven University

of Technology TU/e）可穿戴感官实验室

以及许多其他参与者

2014_16

宝琳·范·东恩（Pauline van Dongen）

2014_17

MVO 财团，包括 by-wire.net 网站平台

2014_18

塔玛拉·胡格维根（Tamara Hoogeweegen）

2014-15_19

安克·琼格詹（Anke Jongejan）

2015_20

霍尔斯特中心（Holst Centre），

来自 by-wire.net 网站平台

2015_21

布鲁纳·戈韦亚·达·罗沙

（Bruna Goveia Da Rocha）

2015_22

贾斯纳·洛克（Jasna Rok）

2015_23

埃夫·鲁伯斯（Eef Lubbers）、

马鲁·比默（Malou Beemer）

2015_24

安妮拉·霍伊廷克（Aniela Hoitink），

尼法（NEFFA）时尚品牌

2015_25

玛丽娜·托特尔斯（Marina Toeters），

来自 by-wire.net 网站平台；

马丁·坦恩·博默（Martijn ten Bhomer）

2015_26

宝琳·范·东恩（Pauline van Dongen）

2015_27

王琦（Qi Wang），来自埃因霍温科技大学

（Eindhoven University of Technology）

2015_28

卡琳·沃格（Karin Vlug）、

劳拉·邓克（Laura Duncker）

2015_29

列昂妮·滕霍夫·范·诺登

（Leonie Tenthof van Noorden）、

恩比·金（Eunbi Kim）

2015-18_30

穆罕默德·扎里·巴哈罗姆

（Mohamad Zairi Baharom）

2016_31

阿努克·威普瑞希特

（Anouk Wipprecht）

2016-19_32

斑比医疗（Bambi Medical）科技初创公司；

西布雷希特·鲍斯特拉

（Sibrecht Bouwstra）

2016_33

伊利亚·维瑟（Ilja Visser），

来自 by-wire.net 网站平台

2016_34

克里斯蒂·库斯克（Kristi Kuusk）

2016_35

萨克逊大学（Saxion）

2017_36

宝琳·范·东恩（Pauline van Dongen）

2017_37

布里吉特·科克（Brigitte Kock）；

巴特·普赖姆布姆（Bart Pruijmboom）；

尼克·范·斯莱文（Niek van Sleeuwen）

2017_38

桑·卡森伯格（Sanne Karssenberg）

2017_39

Lithe Lab 研究设计公司；

黛西·范·伦豪特（Daisy van Loenhout）

2017_40

飞利浦（Philips）

2018_41

Beam Contre Choc 设计工作室

2018_42

法比安·范·德·魏登（Fabienne van der

Weiden）、杰西卡·乔斯（Jessica Joosse）

2018_43

劳拉·卢克曼（Laura Luchtman）；

伊尔法·西本哈尔（Ilfa Siebenhaar）

2018_44

比安卡·戈里尼（Bianca Gorini）

2018_45

霍尔斯特中心（Holst Centre）；

Studio Bonvie 工作室；

by-wire.net 网站平台

2018_46

帕克·马滕斯（Puck Martens）；

梅尔·克罗岑（Merle Kroezen）；

苏珊·穆德（Suzanne Mulder）

2018_47

海伦·范·里斯（Hellen van Rees）

2018_48

克里斯蒂·库斯克（Kristi Kuusk）

2018_49

卡琳·沃格（Karin Vlug）；

巴斯·弗隆（Bas Froon）

2019_50

安吉拉·麦基（Angella Mackey）

前言

时尚创新领域会发生什么？
为什么要写这本书？

时尚界以创新、拥抱新奇和新颖的事物而闻名。每一次换季都是新服装系列推出的标志，并将大家讨论的话题焦点转向"最新时尚趋势"。然而，尽管我们在新型面料、设计工艺流程、人工智能、三维印刷和设计软件等方面取得了技术进步，但是时尚行业和日常服装的变化并不像我们预期的那么显著。在 20 世纪中期的科幻节目中所预见的未来可变形的织物面料、技术以及设计尚未实现，合成纺织品有望改变世界。但是，当我们看到人们在街上所穿的衣服时，很难相信自 20 世纪 50 年代以来衣服几乎没有什么变化[1]。

时尚已经陷入了僵局，而且现有的时尚业面临着越来越多的批评。世界需要另一种选择。"时尚本身所展现的是一个充满魅力的行业，但这只是表面现象，表象的背后是一个繁重辛苦、充满剥削和腐败、隐秘而严重过时的产业，这也是一种使现有形式看起来过时并创造新形式或新奇事物的持续驱动力"。[2]越来越多的设计师加入探索替代方案的行列，如果其中的一些替代方案能够被时尚界所接受，那么这个行业可能会在一两个时装季内就彻底改变。本书旨在展示时尚的未来会是什么样子，探索将在未来被遗弃的大量纺织品及技术的替代品，并对纺织品和技术的未来提出一个充满希望的前景。我们真诚地相信，这才是时尚的真正力量。

时尚创新领域并不是一个单一的领域，该产业领域会集了来自不同学科领域的人员、设计师、公司以及推动服装创新的先锋。荷兰的埃因霍温市（Eindhoven）是一个在设计教育和创新方面发挥着主导作用的设计和技术中心。每年的荷兰设计周（Dutch Design Week，DDW）博览会都会展示服装设计方面的发展。2018年博览会的展览主题是"时尚？目前服饰的未来设计"，探索了一个更可持续发展产业的各种可能性，重点介绍了一系列来自荷兰和世界各国设计师和研究人员的时尚创新项目。虽然其中一些项目尚处于试验阶段，但是有些项目如果投入市场就可供家庭使用。博览会取得了巨大的成功，与会者渴望获得相关项目的更多信息。本书旨在对本次博览会进行深入研究拓展，根据荷兰的设计师和研究人员的研究成果，揭示我们在时尚领域所取得的成果以及发展趋势，并且介绍一些可以引领我们在时尚领域前进的人及他们的想法。

我是玛丽娜·托特尔斯（Marina Toeters），是促成本书出版的推动者以及商务平台 by-wire.net 的所有者和运营者。我鼓励时尚业和技术人员通过该业务平台进行交流合作，以促进时尚体系的变革，并且研究开发日常使用的配套服饰。2006年开始，我们就通过网络平台 by-wire.net 从事前沿的时尚技术和时尚设计工作。基于 by-wire.net 平台，我们实现了好多不同的目标：通过与飞利浦研究中心（Philips Research）和霍尔斯特中心（Holst Centre）等行业巨头合作，进行纺织品和服装设计的创新和原型制作，从事复杂项目的研发；通过在各种活动中的演讲和对年轻设计师的教育来投资于时尚的未来。作为一名教师、教练和研究人员，我在设计领域的一些主要机构工作，从职于乌特勒支艺术大学（University of the Arts Utrecht，HKU）的时尚系和埃因霍温理工大学（Eindhoven University of Technology，TU/e）的工业设计学院。我坚信通过 by-wire.net 平台分享知识、进行时尚教育和开发最前沿的原型，我们可以构思和实现时尚行业更好的未来，而且未来已经近在咫尺。时尚具有强大的力量，它不仅是世界上最大的产

2007_02 三角外套
by-wire.net,
玛丽娜·托特尔斯

2015_25 具有触感
的环保可穿戴时装
NazcAlpaca
玛丽娜·托特尔斯
马丁·坦恩·博默

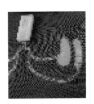

2018_45 闭环智能
运动休闲时尚服装
霍尔斯特中心
（Holst Centre）
Studio Bonvie 工作室
by-wire.net 网站平台

业之一，而且人们一生都在追求时尚中度过。让我们不要浪费时尚的力量，通过不断创新创造更美好的世界。

本书是对时尚和技术领域近 15 年历程的写照，同时涵盖了个人基准测试与领先的时尚技术设计师的开创性项目，并揭示了不断创新的概念。三角（Triangle）外套[2007_02]是我在乌得勒支艺术大学攻读时尚设计硕士学位的一个研究成果，该项目对我的创新能力是一个非常大的挑战，最终我开发了一种三维测量和设计方法。其他项目包括：为欧洲航天局设计的未来派的人性化项目 Human & Kind[2010_07]、使用太阳能纤维[2012-15_13]开发的服装、具有触感的环保可穿戴的时装 NazcAlpaca[2015_25]以及最近推出的闭环智能运动休闲时尚服装[2018_45]。

我们将荷兰可穿戴技术领域的理论家、科学家和设计师聚集在一起，组织讨论了他们对该领域所面临的挑战的不同观点，并将他们的观点相结合，对已实现的开发研究成果进行了总结概括，其目的是巩固当前的知识，让这些知识成为新成果的研究基石，并为反思这些成就提供空间，使我们能够乐观地展望未来。

在本书中，我们将向读者介绍可穿戴技术以及影响时尚的一系列话题。第一章对时尚与科技设计的三大支柱进行基础性的探讨。来自时尚领域不同学科的三位专家丹妮尔·布鲁格曼（Danielle Bruggeman）教授、扬·马希（Jan Mahy）教授和仁斯·坦普（Rens Tap）教授对时尚文化背景及其与人体的关系以及纺织品在荷兰的技术开发进行了讨论，并对时尚业务在经济、当前趋势以及生产方式和地点等方面提出了见解。在第二章中，本·伍布斯（Ben Wubs）教授将时尚作为一种商业进行了分析，并从历史的角度对时尚行业提出了一个具有批判性和建设性的观点，提供了过去几个世纪时尚和技术发展背景概况。第三章通过技术研究者洛伊·费杰斯（Loe Feijs）教授和高科技行业专家科恩·范·奥斯（Koen van Os）之间的对话，解释了技术研究是如何从开发电子纺织品原型过渡到在社会上占有一席之地的可穿戴产品的。

在第四章中，文化研究者利安妮·图森特（Lianne Toussaint）博士着重探讨了时尚和技术融合的社会文化意义。在第五章中，盖尔·肯宁（Gail Kenning）博士探讨了技术和纺织品如何共同促进健康。在第六章中，史蒂芬·文斯文（Stephan Wensveen）教授通过埃因霍温科技大学（Eindhoven University of Technology）的可穿戴感官实验室，继续讨论教育在交互设计中的作用以及行业参与的跨学科研究。在第七章中，安克·琼格詹（Anke Jongejan）通过介绍设计虚构和推测性设计的概念，以说明这些方法如何为在时尚行业创新过程中存在的主要障碍提供解决方案。在第八章中，宝琳·范·东恩（Pauline van Dongen）和奥斯卡·托米科（Oscar Tomico）博士讨论了技术功能与时尚美学之间的分离，基于对智能纺织服务 CRISP（CRISP Smart Textile Services）以及精致可穿戴品（Crafting Wearables）项目的经验和知识，展示了将技术集成到服装中需要采取的措施。最后一章是结语，首先提供一个简短的概述，其次对下一步如何发展进行了展望。

玛丽娜·托特尔斯（Marina Toeters）是本书的发起人、制作人和编辑，她是商业网站平台 by-wire.net 的所有者、时尚技术领域的设计师、教育家和研究员。玛丽娜致力于时尚技术和时尚设计的前沿研究和营销工作。她通过自己运营的网站平台 by-wire.net，促进了时尚行业和技术人员在相关的时尚技术和日常穿着服装领域进行合作。by-wire.net 网站平台专门致力于创新性纺织产品和服装的设计和原型化，并向飞利浦研究中心（Philips Research）和霍尔斯特中心（Holst Center）提供产品开发方面的建议。作为一位教师、教练兼研究员，玛丽娜在乌特勒支艺术大学（University of the Arts Utrecht，HKU）的时尚系和埃因霍温理工大学（Eindhoven University of Technology，TU/e）的工业设计学院任职工作。

[1] Toeters，M. (2016，September). E-fashion fusionist aiming for supportive and caring garments. In Proceedings of the 2016 ACM International Joint Conference on Pervasive and Ubiquitous Computing: Adjunct (pp. 922–926). ACM.

[2] Wubs，B. (2019，March 6). Capitalism's Favourite Child. Towards an International Business History of Fashion. Inaugural Address Prof. Ben Wubs. https://www.eur.nl/en/eshcc/news/ inaugural-address prof-ben-wubs.

玛丽娜·托特尔斯（Marina Toeters）

目　录

第一章

三大支柱：与时尚共舞、高性能 纺织品和瞬息万变的时尚商业策略

第一个支柱：与时尚共舞

丹妮尔·布鲁格曼[1]

现在是时候重新做一些重要而有意义的事情了。时尚事关重大，它对社会上存在的许多危机和挑战都负有责任，然而时尚通常只关注自身。时尚界有一种宏大的自我价值感，这种价值感的形成与很多方面因素相关，包括壮观的时装秀 T 台、魅力四射的明星设计师、欲望、诱惑、金钱、丰富的视觉形象和过量的消费品等。当前时尚体系的运作方式往往否定了那些穿戴和制作服装的人的生活经历。

对于当前时尚体系，与其从消极抵制的态度出发，不如从积极肯定的方式开始，这一点很重要，可以以一种不同的方式重新轻快地融入时尚。时尚就是身体和物质之间的亲密关系，它是一个织物、颜色、纹理相互作用的连续过程。虽然时尚体系是高度物质化并痴迷于消费物质产品，但"时尚"的物质实体性迫切需要得到更多的关注。当前的时尚体系将作为物质的时尚简化为无价值的东西，用于商业目的的开发。在重新融入时尚过程中，重要的是要让人们更多地关注时尚的私密和感官体验，并逐渐形成与时尚的内在联系。

身体与时尚物质对象之间的关系必然体现在感觉上 [2013_15]，而人体是一种感官物质，这体现在"我们从字

2013_15 Vibe-ing
振动服装
埃因霍温理工大学以及
许多其他参与者

面上和形象上去理解自己以及他人的方式"[2]。我们对时尚和穿着的具体体验必然会涉及所有感官。穿在身上的衣服会影响人的身体外形、感觉和体验，它是关于感动和被感动。人与物质对象之间的这种情感关系是关于人与人之间的联系以及与时尚的情感纽带，这是一种感官上的体验 2007_02。认识到这种情感维度是与服装建立起更可持续发展的关系以及使时尚更具吸引力的未来的重要组成部分。在可持续性和循环性的讨论中，更值得关注的是物质对象、制造者和穿戴者之间的情感价值和情感关系 2015_24。

此外，在我们想象未来时，感官是至关重要的。如果要把未来想象成一种潜在的现实，或批判性地反思我们的当前行为对未来的影响，那就必须激发所有的感官 [3]。这将有助于建立人类与围绕我们身体和生活空间的物质物体之间更可持续长久的关系，并协调我们人类的体验 2017_38。

2015_24 菌丝体织物
MycoTEX
NEFFA 时尚品牌
安妮拉·霍伊廷克

第二个支柱：高性能纺织品

扬·马希

在 20 世纪最后十年间，两项"荷兰制造"的高性能纤维创新使荷兰在世界上崭露头角，并使其成为高端技术纺织品领域的一个重要角色。这些纤维包括阿克苏诺贝尔公司（AkzoNobel，现在是帝人集团 Teijin 的一部分）的芳香聚酰胺（aramid）纤维 Twaron® 和帝斯曼（DSM）公司的超高分子量聚乙烯（UHMWPE）纤维 Dyneema®。这些纤维已被应用于飞机、电子产品、防弹衣和阻燃个人防护服 2007_02。由于这一创新，军用个人防护服装 TenCate2007_02 和其他纺织技术应用可以在竞争中保持领先地位。

2007_02 消防装
（Fire Fighter Suit）
by-wire.net 网站平台

2007_02 Tecatud
大衣外套
by-wire.net 网站平台

纺织工业在过去二十年中达到了一个新的转折点。低工资国家的工人们在恶劣的条件下工作，天然纤维织物的

2016_35 SaXcell 棉花化学回收项目产品
萨克逊大学

2014_17 具有持续性和支持性的护士服装 MVO 财团，包括 by-wire.net 网站平台

大规模市场生产已变得难以为继。与此同时，由于人们对健康幸福[2010-14_09]、人口老龄化[2015_27]、水和能源自然资源的缺乏[2015_27]等问题认识的提高，促进了循环进程的发展。据预测，在未来几十年里，对新服装的需求与原材料供应能力之间的差距将越来越大，这促使人们需要改进纺织品的报废收集和纤维材料的分离和再利用，例如，Econyl® 工艺[2018_45]和 SaXcell® 棉花化学回收[2016_35]利用技术。为了支持材料的循环使用方式，创新产品开发至关重要，需要确保产品的结构和设计适合循环经济。例如，通过专注于零浪费和使用回收的废弃材料来实现的纺织反射产品[2018_47]。

在新纺织技术发展交叉领域、服装行业对创新电子纺织品和定制面料的需求以及对循环制造流程的监管需求等方面，创新是多种多样的。例如，医疗保健领域的智能材料和电子纺织品、工作服[2014_17]和运动服[2015_26]。在欧盟所资助的项目的推动下，整个价值链上的工业伙伴联盟和学术知识中心合作，为有前途的想法和概念进入市场做好准备。像萨克逊大学这样的荷兰应用科学大学通过实施区域智能不仅吸引了有才华的学生，而且有助于在实验室环境中的概念证明与开发具有工业吸引力的商业案例之间存在的"死亡之谷"之上架起一座桥梁，使两者有效结合。

第三个支柱：瞬息万变的时尚商业策略

仁斯·坦普

20 世纪 80 年代，荷兰仍然生产大量时尚产品。然而，全球化和后来崛起的互联网的发展对这个行业带来巨大影响。时尚产品生产商所专注的是品牌、营销和零售，而成功的零售商和品牌通过生产、物流和全渠道零售战略的虚拟化而成为全球参与者。人们以低成本生产出大量时尚服装，这在以前看来是不可能的。小型自主品牌和零售商也受到影响，他们需要加快生产速度、调整电子商务战略并在烦琐而缓慢的供应链中实现数字化应用。2008 年的经济大衰退后，时尚产品销量不断下降，直到 2012 年。事实证明，许多品牌没有投入资金进行创新。因此，制定正确的商业策略非常重要，可以帮助企业规避风险而得以持续生存。

经济衰退十年后，荷兰时装业的营业额正在缓慢回升。但在产品创新方面几乎没有什么变化。电子商务正在蓬勃发展，但是高昂的商铺租金和人员成本仍然是一个沉重的经济负担。电子商务交易过程中的退货行为和纺织服装生命周期的缩短导致了不可持续的物流和成堆的废弃物。通过大批量生产提高效率的做法导致利润下滑，许多品牌和生产商破产停业。进口服装的成本上升，尽管存在通货膨胀，但是服装的平均价格却几乎保持不变，从而导致了一场彻底的价格战。此外，消费者也越来越清楚自己衣服的起源。对可持续发展和改善工作条件的呼声正在影响主流。当生产分散且远离市场时，零售商们对如何创建透明的供应链束手无策。

时尚品牌需要创新，并为其产品和服务增加新的价值。NL NextFashion and Textiles 时尚纺织品公司是由品牌时尚纺织品组织贸易协会 Modint 的一个分支机构和四所应用科学大学联合成立的公司，得到了荷兰政府的支持。该公司着眼于解决时尚品牌的设计、数字化 2018_46 和可持续发展等方面的问题。尽管落后的回收流程仍然是一个问题，但具有变废为宝意识的废料围巾 2012_12 探究了循环回收利用的未来，该工艺流程已在工作服领域得以应用 2014_17。如今，由于中国工资成本的上涨，欧洲及周边地区重新开始生产时尚产品，这样供应链就在缩短。他们正在探索新的并可以随时随地生产量身定制的服装 2015_25, 2015_29, 2017_37, 2018_42 的生产方式。

2018_46
Studio PMS 产品

2015_29 "这个适合我"（This Fits Me）项目产品
列昂妮·滕霍夫·范·诺登
恩比·金

同时他们也在研究开发新材料^{2016_35, 2018_43}。在本书中我们只能介绍其中的一小部分。快时尚？还是慢时尚？在我看来，我们必须朝着可大量持续生产时尚的方向迈进，源源不断地生产持续耐用的布料，为穿着者创造价值！

丹妮尔·布鲁格曼（Daniëlle Bruggeman）是荷兰 ArtEZ 艺术大学（ArtEZ University of the Arts）的时尚教授，该大学位于阿纳姆市（Arnhem）。丹妮尔是一位文化理论家，她主要研究时尚和个性特征。她拥有文化研究博士学位，而文化研究是荷兰首个关于时尚的大规模跨学科研究项目"全球化世界中的荷兰时尚个性特征"（2010~2014 年）的一部分。丹妮尔还是位于帕森斯（Parsons）的新设计学院（New School for Design，NYC）和位于伦敦的时装学院（London College of Fashion）的访问学者。

扬·马希（Jan Mahy）是萨克逊应用科学大学智能功能材料和纺织创新发展教授，他曾就职于纺织技术公司 Low & Bonar，并在位于荷兰恩斯赫德（Enschede）的萨克逊应用科学大学（Saxion University of Applied Sciences）担任智能功能材料和创新纺织品开发教授，他将这一专业知识进一步应用于研究和教育领域。

仁斯·坦普（Rens Tap）是 Modint 公司的商业策略师。仁斯·坦普在市场研究、行业项目和创新方面拥有 30 多年的经验，并且是服装和纺织品业务发展领域最有知识的人士之一。Modint 是一个荷兰服装、时尚配饰、地毯和（室内）纺织品的制造商、进口商、代理商和批发商协会，Modint 的 500 多家成员公司在荷兰的年营业额达到 90 亿欧元，其中 50% 以上用于出口。

[1] The first pillar is based on the inaugural lecture and publication: Bruggeman, D. (2018). Dissolving the Ego of Fashion: Engaging

with Human Matters. ArtEZ Press.

[2] Sobchack, V. (2004). Carnal thoughts: Embodiment and moving image culture. Univ of California Press.

[3] Van den Eijnde, Jeroen & Bruggeman, Daniëlle. (2017) . Imagining the future through specula-tive design: Towards a new paradigm where art meets science. Conference Paper, Cumulus Letter to the Future, Bangalore.

开拓性项目

李维斯 ICD+ 夹克
Bubelle 皮肤探索检测项目
"鲜活亮度"（Lumalive）项目

飞利浦

数字时代为消费者带来了使用可穿戴技术的可能性。李维斯（Levi's）和飞利浦（Philips）于 2000 年推出的 ICD+ 夹克上设计了额外的口袋，用来装手机和 MP3 播放器，口袋周围有隐藏式的电缆织物环，传统的服装技术被用来包装新产品。

Bubelle 2006 是一个皮肤探索检测项目，该项目研究了情绪感应领域中敏感材料的未来整合，即从"智能"产品向"敏感"产品和技术的转变。作为皮肤的一部分，飞利浦公司设计开发了"软技术"（Soft Technology）装备，以识别皮肤和感知情感领域中高科技材料和电子纺织品开发的未来。项目研制的服装展示了与情感相关以及身体和附近环境如何利用图案和颜色变化来交互的技术，从而预测穿戴者的情绪状态。设计团队成员包括：克莱夫·范·海尔登（Clive van Heerden）、杰克·妈妈（Jack Mama）、西塔·菲舍尔（Sita Fischer）、雷切尔·温菲尔德（Rachel Wingfield）、斯蒂恩·奥塞沃特（Stijn Ossevoort）、露西·麦克雷（Lucy Mcrae）、南希·蒂尔伯里（Nancy Tilbury）和马蒂亚斯·格马切尔（Matthias Gmachl）。

"鲜活亮度"项目的目的是通过将发光二极管（LED）尽可能平滑巧妙地集成到服装中，用来点亮具有动态光图案的 T 恤衫。飞利浦致力于开发可以数字化显示颜色的织物，这可能会开创一种产生时尚的全新方式。该项目的系

列产品包括衬衫、礼服以及家具。此处展示的原型和产品
是在 by-wire.net 网站平台的帮助下完成制造的。

https://www.vhmdesignfutures.com/project/192/
https://youtu.be/t5h_pGnL5l0
https://youtu.be/2l8jpZQk0Rc

2000-09_01

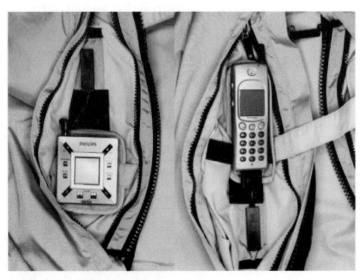

李维斯和飞利浦联合开发的 ICD+ 夹克

飞利浦 Bubelle 情绪感应服

飞利浦 "鲜活亮度" 产品

重要项目：

三角外套
抗菌服
外套

玛丽娜·托特尔斯，来自 by-wire.net 网站平台

玛丽娜·托特尔斯拥有乌得勒支艺术大学的时装设计硕士学位（MA at the University of the Arts Utrecht, Fashion Design）。她在攻读硕士学位期间的主要研究包括与业界同伴合作的新兴技术、创新纺织品和新生产技术等项目。出自这些项目的六种服装为未来时尚提供了一种展望。

Triangled 三角外套是一款完全定制的外套，其灵感来自荷兰应用科学研究组织（TNO）开发的三维人体测量技术。通过测量技术将其转换为三角形图案和装饰性印刷品。该外套通过 Print Unlimited 公司提供的服务支持在乌得勒支艺术大学（University of the Arts Utrecht）进行了数码印刷。这一实践表明，根据自己独特的体型尺寸，通过数字生产工具有可能制作完全定制的服装。

Huggy Care 服装是一款为荷兰皇家航空公司（Kwintet KLM）设计的抗菌服，其目的是通过增加抗菌功能来激励临床效果不佳的护理服的使用。Huggy Care 是一款由合成纱线和具有抗菌性能的纳米银纱制成的针织连衣裙。

Tecatud 外套是荷兰皇家 Ten Cate 集团（一家由高技术纤维材料及纺织领域的大型跨国上市公司）与代尔夫特理工大学（Delft University of Technology）合作开发的反光水控纺织品。由微小的玻璃球制成的反光织物经过优化，可提供更好的可视性，以确保交通安全。它还以应用电子产品为特色，以提高用户的舒适度。

http://www.by-wire.net/master-triangled-coat/

http://www.by-wire.net/master-huggy-care/

http://www.by-wire.net/master-tecatud/

2007_02

Triangled 三角外套
摄影：鲍勃·范·罗伊恩（Bob van Rooijen）
模特：莎拉·努伊弗（Sarah Nuiver）

Huggy Care 抗菌服
摄影：鲍勃·范·罗伊恩（Bob van Rooijen）
模特：莎拉·努伊弗（Sarah Nuiver）

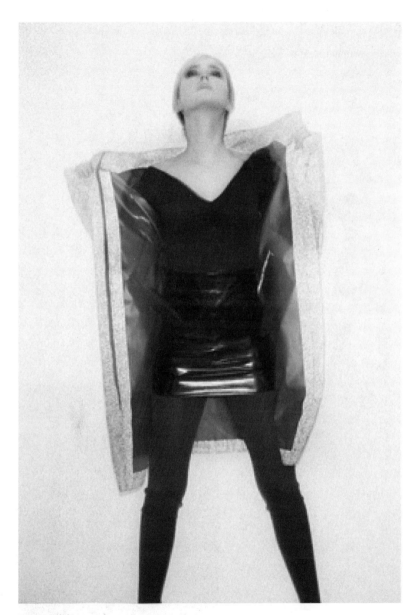

Tecatud 外套
摄影：鲍勃·范·罗伊恩（Bob van Rooijen）
模特：尼娜·沃默（Nina Wormer）

重要项目：

消防服
生态服
座椅服

玛丽娜·托特尔斯，来自 by-wire.net 网站平台

消防服（Fire Fighter Suit）是为消防员制造的一款紧身衣，它是用 Ten Cate 防护纺织品制成，可以穿在其他衣服里面。该纺织品本身具有调节水分、透气、防火和耐化学腐蚀的特性。这款服装表明了用能保护人体免受多种危害的布料制作服装的可能性。

生态服（Ecological Suited）是用环保的牦牛毛和麻织品制成的一款套装。麻织品的强度是棉织品的 5 倍，而且更加耐用。另外，这种织物的生产过程比棉织物的生产过程更环保。这样制作的生态服是一套时髦的、带有工作服元素的运动套装。

座椅服（Dyna Seat Dress）是通过对即时发泡密封材料（Dynafoam）进行三维裁剪而成为一种可穿戴的形状，即服装式座位，是一种既可以用作衣服，又可以用作座位的服装。这种服装设计的灵感来自"关注过去的人不会迷失在未来"的理念，其形状灵感来自巴洛克式（Baroque）时尚，与创新的新型即时发泡密封材料形成鲜明对比。

http://www.by-wire.net/master-fire-fighter-suit/

http://www.by-wire.net/master-ecological-suited/

http://www.by-wire.net/master-dyna-seat-dress/

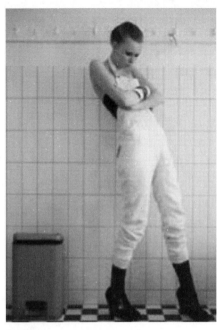

消防服
摄影：鲍勃·范·罗伊恩（Bob van Rooijen）
模特：乔塞琳·诺布鲁伊（Jocelyne Norbrui）

生态服
摄影：鲍勃·范·罗伊恩（Bob van Rooijen）
模特：莎拉·努伊弗（Sarah Nuiver）

座椅服
摄影：鲍勃·范·罗伊恩（Bob van Rooijen）
模特：乔塞琳·诺布吕斯（Jocelyne Norbruis）

2007_02

媒体复古——查理服

梅利莎·科尔曼

  查理（Charlie）项目破解了标志性巴宝莉（Burberry）大衣外套所采用的技术，通过该技术可以读取织物上的穿孔卡。当检测到一个穿孔卡时，外套就会通过耳机播放一位老人的生活故事。这件外套是媒体复古（Media Vintage）系列产品中的一个，媒体复古产品是包含记忆的交互式电子纺织品系列。在媒体复古系列产品中，数字信息实际存储在纺织品中并通过交互方式进行读取。该项目的灵感来自布鲁斯·斯特林（Bruce Sterling）在《虚构的媒体之书》（*Book of Imaginary Media*）中发表的一篇文章，他在文中指出新媒体的淘汰速度比旧媒体快，这个项目让人们怀念过

去那个以技术持续发展为基础的时代，它试图想象数字数据存储如何可视化、物理化和有意义。它用电子纺织品来暗示了一个潜在的人和机器都能读取数字数据的未来。

  该项目是在 V2 不稳定媒体研究所的支持下创建成立，成员包括皮姆·维尔茨（Piem Wirtz）、斯坦·万内特（Stan Wannet）、西蒙·德·巴克（Simon de Bakker）、约阿希姆·罗特维尔（Joachim Rotteveel）和梅格·格兰特（Meg Grant）。

http://www.melissacoleman.nl/media_vintage

媒体复古——查理服

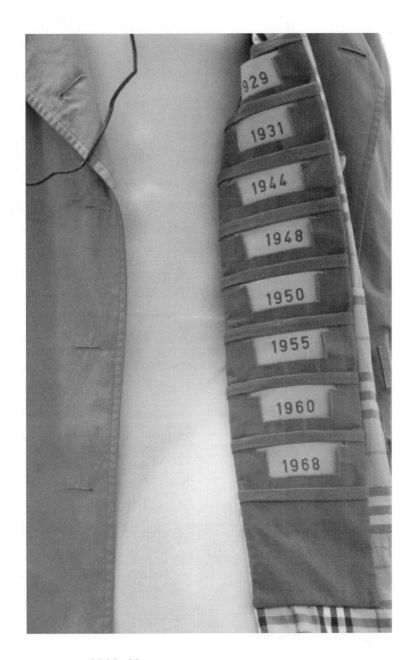

2009_03

展现时尚科技：光明未来的先驱

协同纺织：时尚与内在设计

玛丽娜·托特尔斯，
来自 by-wire.net 网站平台；
杰西·阿杰斯，
来自 JSSSJS 设计公司

纺织技术在发展过程中发生过很多事情，但在时尚领域的应用还为时尚远。新的纺织技术通常会首先朝土工织物等技术应用领域发展，而不是时尚和内在设计领域。该系列的时尚产品很好地说明了在内在设计和时尚纺织品中使用新的、已有的创新性人造纺织品的技术可能性。为了便于回收利用，这些纺织品均使用了 100% 聚酯纤维。

感谢因诺法（Innofa）公司、飞利浦"鲜活亮度"（Philips lumalive）技术公司、乌得勒支艺术大学（University of the Arts Utrecht）、纺织博物馆（TextielMuseum）、原型空间（Protospace）公司、优选织物（Optima Knit）公司、Igepa 公司、Systemmag 公司、Schoeller 公司以及英雄纺织（Hero Textil）公司。

http://www.by-wire.net/collaborative-textile/

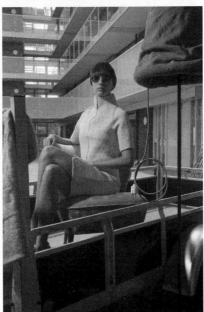

摄影：布莱恩·斯默德斯（Brian Smeulders）
发型和外形设计：安德里亚·利格哈特（Andrea Ligthart）
模特：米尔特·科平加（Mirte Kopinga）

2009_04

展现时尚科技：光明未来的先驱   018

E-Pressed 情绪压力指示器：
提高认识，更新沟通

安雅·赫腾伯格

芭芭拉·佩斯

丹妮尔·罗伯茨

当人们表现出悲伤、沮丧、痛苦、恐惧、愤怒等"消极"情绪时，往往会感到脆弱。E-Pressed 可穿戴设备希望为这些情绪制造空间，并以非语言的方式进行交流，通过提供不同层次的沟通来解决这些负面情绪造成的脆弱性。

通过感知和可视化内心状态，E-Pressed 可以在其穿戴者和其他人之间建立意识关联。内置于衬衫中的生物传感器，通过诸如皮肤电反应（2009 年）以及呼吸和肌肉张力（2014 年），可以测量穿戴者的情绪压力。源自穴位按压和触发点疗法（2014 年）的区域的视觉效果可能会激发互动，并邀请穿戴者和其他人按压在这些部位上，从而缓解紧张情绪，刺激身心健康并获得幸福感。在第二个版本中，衬衫提供了公共和私人接触点，用户可以选择曝光量。

http://awarenesslab.nl/projects/e-pressed.html

2009 版
概念、设计、调研、交互设计、软件编程：安
雅·赫腾伯格（Anja Hertenberger）、芭芭
拉·佩斯（Barbara Pais）和丹妮尔·罗伯茨
（Danielle Roberts）
硬件：保罗·范·巴维尔（Paul van Bavel）

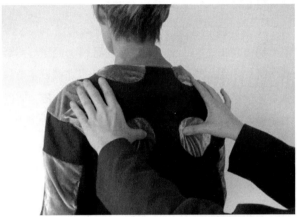

2014 版
概念、设计、调研、交互设计、软件编程：安雅·赫滕伯格（Anja Herten-
berger）、丹尼尔·罗伯茨（Danielle Roberts）
时尚设计、图案、裁剪、激光切割：蕾安妮·德·威特（Rianne de Witte）
模特：仁斯·肯珀曼（Resi Kemperman）
资金来源：NBKS 集团——北布拉班特省（Province of Noord Brabant），
蒂尔方兹（Tijlfonds）。

2009-14_05

第二章

时尚创新历史回顾

本·伍布斯

德国经济学家沃纳·桑巴特（Werner Sombart）[1]曾经写道："时尚是资本主义最宠爱的孩子，它从资本主义最深层萌生出来，与我们这个时代的任何其他社会现象相比，它所表现出的独特之处都不同。"根据桑巴特的说法，时尚是工业界用来调动消费的工具。这是一种被企业家用来增加销售额和利润的资本主义现象。时尚影响越来越多的经济生活领域，并且在不断地更新换代：创新、淘汰、再创新、再淘汰……已经成为现代资本主义的驱动力之一。按照这种逻辑，时尚是我们经济体系的核心。此外，借用奥地利 - 美国经济学家约瑟夫·熊彼特（Joseph Schumpeter）的话（约瑟夫在他的著作中并没有讨论时尚产业），时尚是"创造性破坏的永恒过程"的一部分[2]，甚至是基础。在他看来，创新有五种类型：新型产品或具有新品质的产品、新型生产方法、新型产业组织形式、新市场以及新的供应来源。在时尚创新的历史上，这五种类型都是可以识别的。然而，很少有人关注创新和技术在时尚变革中扮演的主要推动作用。

织布机是人类纺织史上最早的发明之一。在史前时代，编织和纺纱主要是女性的活动。在美索不达米亚，即现在的伊拉克，人们使用的主要纤维是羊毛。古埃及人主要以亚麻为原料制作衣服和其他纺织品。在古希腊，人们不仅使用羊毛和亚麻布，还从中国进口丝绸（丝绸之路从那个时候开始），从印度进口棉花，这证明了纺织品生产和市场已经全球化的事实。罗马人引进了大规模的织物和服装生产，主要以女性奴隶劳动为基础。在中世纪晚期，服装的外形轮廓变得越来越重要，男性从事体力劳动这一现象变得更加普遍，人们开始织布，立式织机被卧式织机取代。随着意大利北部和后来的西欧西北部富裕的城市中产阶级的崛起，城市中的手工艺变得愈加重要。与此同时，纺织业中的组织机构是建立在"外包体系"的基础上，这意味着部分生产过程发生在城市以外的工人家中[3]。

当蒸汽动力被引入纺织工业，机械化织布机将生产率提高到前所未有的水平时，一个重大的转变发生了。这种转变首先在英国发生，后来在西欧和北美。它彻底改变了纺织品的生产和消费。纺织品的生产越来越多地发生在不断增长的工业集聚区的大型工厂里，廉价的棉织品对城市的下层阶级来说也开始变得可以负担得起了。以棉花生产为基础的工业革命，经常被描绘为西方的成功故事，但实际上，来自亚洲的棉花消费在18世纪为西欧创造了大量需求[4]。这反过来又在北美开启了一种新的种植园经济，以黑人奴隶制为基础，并形成了一个全球性的农工综合体（Beckert，2014）。19世纪的一项重大创新是美国商人和发明家艾萨克·辛格（Isaac Singer）引入了可以进行纺织品批量生产和销售的缝纫机。缝纫机使得大规模服装制造首次成为可能。诸如美国内战（1861~1865年）之类的全面战争造成了对制服和成衣的大量需求。时至今日，全球纺织和时尚产业都是以这些重大创新为基础，尽管其全球化的规模有所不同[5]。由于基本的制造原理简单明了且运输成本直线下降，所以全球供应链在过去的50年中已发生了彻底的变化。

在人类历史的很长一段时间里，织物都是由"天然"纤维制成的，如棉花、羊毛、丝绸和亚麻。然而，在20世纪发生了一场合成材料的革命。20世纪20年代，欧洲和北美兴起了一种新的产业即人造丝（Rayon）产业。20世纪30年代末，美国杜邦公司（DuPont）引进了尼龙，这是第一种以石油化学物质为基础的人造纤维。第二次世界大战后，许多新的合成纤维被开发出来。涤纶是其中一个最著名的例子，并且目前仍是全球最主要的合成纤维。大约在2000年，涤纶取代了200年来在纺织工业中最常用的"金字棉"（King Cotton），占据了首位。

然而，合成纤维的生产并不是没有问题，因为大多数合成纤维是不可持续的，而解决办法不是用"天然"材料取代它们。例如，棉花生产存在可持续性方面的问题，因为需要消耗大量的水和可耕地。此外，棉花单一栽培还需要除草剂和杀虫剂。更糟糕的是，越来越多的织物使用合成纤维和天然纤维的混合物，这使得回收变得更加复杂[6]。

总而言之，时尚领域的创新是时尚产业变革的主要驱动力，但也产生了大量的很难解决的环境问题。答案可能来自行业层面，也可能来自技术层面，如时尚的数字化以及更可持续的纤维和纺织品的制造，但这些问题需要在跨国政治层面上加以解决，以适应相互关联的一系列问题以及问题的规模、范围和复杂性。

本·伍布斯（Ben Wubs）是鹿特丹大学（ESHCC Erasmus University Rotterdam）研究国际商业史的一位教授，也是日本京都大学（Kyoto University Japan）经济研究生院项目教授。本·伍布斯作为荷兰鹿特丹大学国际商业史的教授，从事过各种与跨国公司、商业系统和跨国时尚产业相关的研究项目。他是好几本书的作者，教授各种各样的学科，如时尚商业史和国际关系理论。

[1] Sombart，W. (1902). Wirtschaft und Mode. Ein Beitrag zur Theorie der modernen Bedarfsgestaltung Grenzfragen des

Nerven– und Seelenlebens. in Einzel–Darstellungen für Gebildete aller Stände. Zwölftes Heft, ed. L. Loewenfeld and H. Kurella Wiesbaden: J. F. Bergmann.

[2] Schumpeter, J. A. (1943). Capitalism, Socialism & Democracy. London: Routledge.

[3] Fortunati, L. (2010). Wearable Technology. In J.B. Eicher & P.G. Tortora (Eds.). Berg Encyclopedia of World Dress and Fashion: Global Perspectives, 100 – 106. Oxford: Berg. Retrieved April 30 2019, from http:// dx.doi.org.access. authkb.kb.nl/10.2752/ BEWDF/EDch10013.

[4] Nierstrasz, Ch. (2015). Rivalry for Trade in Tea and Textiles. The English and Dutch East India Companies, 1700–1800. Basingstoke: Palgrave Macmillan.

[5] Tortora, P.G. (2010). Technology and Fashion. In P.G. Tortora (Ed.). Berg Encyclopedia of World Dress and Fashion: The United States and Canada. Oxford: Bloomsbury Academic. Retrieved April 30, 2019, from http://dx.doi.org. access.authkb.kb. nl/10.2752/BEWDF/ EDch3213.

[6] Blaszczyk, R. L., Wubs, B. (2018). The Fashion Forecasters: A Hidden History of Color and Trend Prediction (4e ed.). New York, United States: Bloomsbury Academic.

开拓性项目

模式图案工艺、蕾丝花边的演变和进化

盖尔·肯宁（Gail Kenning）

这些项目着眼于标准化的钩针蕾丝花边"如何"制作的图案手册，将其转换为计算机代码。代码在屏幕上创建了普通的蕾丝花边图案。作为虚拟蕾丝花边，图案可以像动画一样"执行"，并展示了如何通过逐针创建图案、通过三维印刷创建花边物体。或者，可以使用代码中的随机变量对代码进行干扰，从而出现一系列以前从未见过的新图案或者无法轻易（如果有的话）实际生产的非实用性的蕾丝花边图案。当检查虚拟图案形成的每个针脚的坐标时，很明显一些虚拟图案的宽度和高度超过一千米。从此过程中创建的一些模式最初会向外进行辐射扩散，然后向内聚拢，而其他模式在永无休止的重复过程中被"锁定"。

https://gailkenning.wordpress.com/art–design/evolutionary–lace/

https://videos.files.wordpress.com/quRXOZsW/showreel0_dvd.mp4

模式图案工艺

演化蕾丝花边的数字可视化

2009-16_06

人性化时尚产品项目

欧洲航天局、
by-wire.net 网站平台

    人性化（Human & Kind）时尚产品项目是一个与欧洲航天局（European Space Agency，ESA）合作设计建造的项目。该项目探讨了在月球上生活的情况下如何使用纺织品和服装的问题。这项研究不仅从技术角度（如材料是否可以防热、防冷、防辐射）进行了研究，而且还探讨了纺织品是否能让远在他乡的穿戴者有家的感觉。这是通过测试纺织品的各种特性来完成的，最终选择那些耐热性最好、传导性最好、材料最轻、与社会关系最密切的纺织品，其目标是选择让穿戴者感到舒适柔软的纺织品，并通过寻找能够激发具有人性味的应用，比如一件衬衫在感受到生命时就会发光，又如当感知生命时会亮起来的衬衫，或在环境温度过高而无法居住时出现花朵图案。

    感谢下面参与该项目的个人和公司：

    制作：来自网站 www.Katoenzo.nl 的梅利莎·邦维（Melissa Bonvie）

    蕾丝花边加工厂：康德法布里克博物馆（Museum de Kant Fabriek）

    电子产品：反冲击（Contrechoc）公司

    编织：来自网站 jsssjs.com 的杰西·阿杰斯（Jesse Asjes）

    激光/策划：原型空间（Protospace）

    氮气：基·达尔夫森（KI Dalfsen）

    技术支持：马蒂斯·维图仁（Matthijs Vertooren）

http://www.by-wire.net/moonlife/

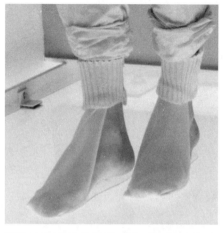

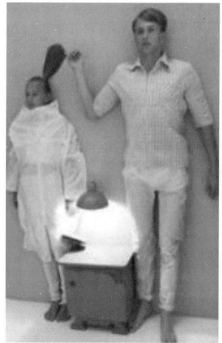

人性化时尚产品
摄影：马丁·范德·梅尔（Maarten van der Meer）
发型和外形设计：安娜·爱德华森（Anna Edvardsen）
模特：梅琳达（Melinda），基拉（Kyra），亚当（Adam）等 77 个模特

展现时尚科技：光明未来的先驱

Vibrating 音乐响应振动衬衫

蒂姆·沃尔特，来自乌得勒支艺术大学
（University of the Arts Utrecht）；
玛丽娜·托特尔斯，来自 by-wire.net 网站平台

穿上这种衬衫的人可以感觉到贝多芬的音乐在他们的身体上移动，或者感觉到提雅斯多 (Tiësto) 的电子音乐在他们的手臂和背部击打。这件衬衫装有 64 个精心集成的微型振动器，而且每个振动器都可以单独控制。将一个具有无线连接的微芯片连接到可以将音乐转换为触觉信息的系统，然后由振动器接收这些信息。在实践中，身体上部会感觉到高音，而低音会激活位于衬衫下部的振动器。

http://www.by-wire.net/100702/

2010_08

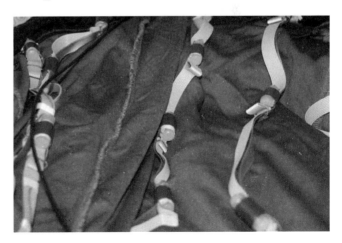

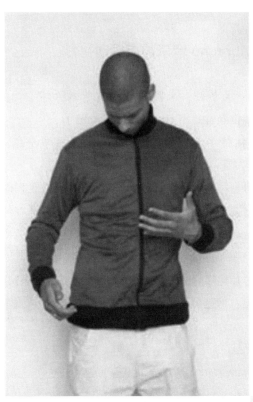

硬件内部和交互过程中的照片
摄影：马丁·范德·梅尔（Maarten van der Meer）

飞利浦医疗项目
蓝色触摸止痛仪
蓝光腕带手腕疼痛治疗仪
蓝色控制皮肤治疗仪

飞利浦研究中心

2010 年以来，纺织品的发展得到了欧洲项目 PLACE-it 等资金的支持。飞利浦研究公司也大量参与其中，这使得在实验室中以及飞利浦商业产品的实际生产过程中的讨论和原型测试成为可能。by-wire.net 网站平台通过开发原型的一些纺织部件做出了贡献。下面介绍一些原型。

飞利浦的蓝色触摸（BlueTouch）技术：2010~2013 年研发的止痛贴（Pain Relief Patch）使用了该技术，是可穿戴技术的一个范例。该产品已经在（医疗）市场上得以推广和应用。BlueTouch 是高强度蓝色发光二极管（LED）阵列，当该设备贴附在皮肤表面时，蓝色灯光照射到人体皮肤上会刺激体内产生一氧化氮分子并输送到疼痛肌肉区域，增强血液循环，加速身体自我修复，可以有效舒缓疼痛。为了创造更好的耐磨性并最终被人们接受，by-wire.net 网站平台开发了一种可以将止痛贴附着在身体上的背带，并且进行了研发、原型设计、用户舒适度研究、产品设计、材料（纺织品）研究、试穿 / 尺码调整和生产采购。飞利浦已经表明，他们在医疗设备上使用了可以使产品柔软和可弯曲的时尚风格。当产品看起来不错也很熟悉时，会被用户更好地欣赏和接受。

2013 年研发的用于治疗手腕疼痛的蓝光腕带（Blue Light Wristband），使用了与 BlueTouch 相同的技术。其集成整合技术来自利时微电子研究中心（Imec）和霍尔斯特中心（Holst entre）。

飞利浦的蓝色控制技术：2014年研发的牛皮癣（也称银屑病）治疗仪使用了该技术，用于治疗牛皮癣。光疗是可以缓解牛皮癣疾病的方法之一。by-wire.net 网站平台为这种蓝色发光二极管光疗设备的开发做出了贡献，该设备在使用中并不引人注目，适合皮肤治疗师使用。

https://ec.europa.eu/digital-single-market/en/news/place-it-electronics-wear-%20light-health-care

http://www.by-wire.net/philips-blue-touch/

https://www.philips.nl/c-m-pe/pijnverlichting/blue-touch

https://www.philips.nl/c-m-pe/pijnverlichting/blue-touch

http://www.by-wire.net/wristband-techtextil-2015/

http://www.by-wire.net/philips-blue-control/

2010-14_09

蓝色触摸止痛仪，飞利浦

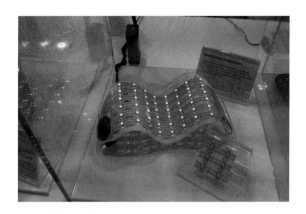

蓝光腕带手腕疼痛治疗仪，飞利浦

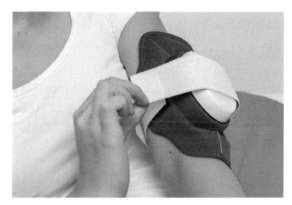

蓝色控制皮肤治疗仪，飞利浦

悬垂式灯光裙

劳伦蒂乌斯实验室、
飞利浦研究中心、
by-wire.net 网站平台

悬垂式灯光裙（Drapely-o-Lightment）是一条基于"悬垂"和"轻盈"理念的裙子。其裙边由 2500 个三角形贴片组成，并且将由 6 个有机发光二极管（OLED）组成的灯集成在织物内。使用三角形创建出了有趣的形状和装饰，并且通过灯光将其强化。

合作者：来自埃因霍温理工大学的洛伊·费杰斯（Loe Feijs）教授和来自飞利浦研究中心的科恩·范·奥斯（Koen van Os）。

http://www.by-wire.net/20121123/
https://doi.org/10.1162/LEON_a_00913
https://youtu.be/mgjJz_HMU1s

2012_10

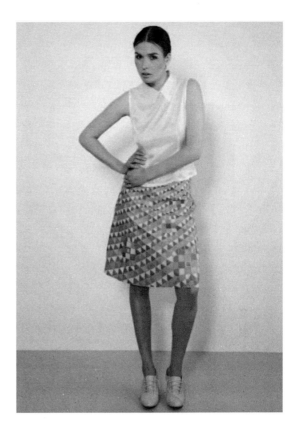

摄影：布莱恩·斯默德斯（Brian Smeulders）
模特：斯蒂芬妮·萨姆森（Stephanie Samson）

未来的马球衫

由 m·nstr·机构和 Studio Roosegaarde 设计工作室为鳄鱼品牌而策划设计

在品牌成立八十周年庆典前夕，鳄鱼（Lacoste）公司为了向创始人雷内·拉科斯特（Rene Lacoste，外号鳄鱼）和他的远见卓识致敬，构想设计了该品牌最具标志性的马球（POLO）衫的未来版本，并且推出了一项国际数字宣传活动。

鳄鱼公司展示了一个视频，在该视频中，服装上具有标志性意义的部分（品牌商标）表达了没有边界的纺织技术的未来。这段视频还向粉丝们发出邀请，邀请他们以马球衫的未来形象为特色来创作自己的故事。

https://www.mnstr.com/en/work/lacoste/
https://vimeo.com/77200317

2012_11

第三章

技术推动与技术拉动：
工业界和学术界的互补观点

洛伊·费杰斯、
科恩·范·奥斯

技术及其前景

　　洛伊（Loe）：纳米涂层、电路、能量采集、生物传感器、智能防护，前景光明的可穿戴技术并不匮乏。但是哪些技术将对服装、我们使用它们的方式以及它们将我们与世界联系起来的方式产生重大改变呢？服装制造一直依赖于技术。自 1851 年辛格（Singer）首次申请并成功获得缝纫机专利以来，辛格（Singer）和兄弟（Brother）等公司已经申请了数千项专利。近年来最重要的技术是信息技术。数字时代为消费者带来了可穿戴技术的可能性。例如，李维斯（Levi's）和飞利浦（Philips）[2000-09_01] 推出的 ICD+ 夹克就有额外的口袋，可以装手机和 MP3 播放器，里面有隐藏的织物环，用来放连接线，传统技术被用来包装新产品。

　　科恩（Koen）：早期，飞利浦在将电子技术应用于纺织品方面处于领先地位。在"鲜活亮度"（Lumalive）项目 [2006-09_01] 开发期间，我们在向公众开放的一个项目中尝试了可穿戴技术的概念。失败的风险很大，但也有许多教训可以吸取。从 2009 年开始，"鲜活亮度"（Lumalive）技术的发展在很大程度上是基于我们在该项目期间获得的经验。作为该技术的首创工程师，除了硬科学和技术外，我们还不得不习惯于一种新的研究方式，"软"产品观点开始影响

2006-09_01 "鲜活亮
度"项目产品
飞利浦

飞利浦新产品的开发过程。

激动人心的纺织品世界

科恩："鲜活亮度"项目开启了一个充满新商机、新市场和新期望的世界。公众期望电子技术与纺织品能够顺畅地集成且坚固耐用，并希望产品可以在洗衣机中洗涤。如果飞利浦能开发出发光织物面料，那么它也一定有可能拥有纺织品所期望的所有其他特质。"鲜活亮度"项目结束后，我从飞利浦研究部的一名工程师转变为一名工业科学家。这是一个与同龄人进行实验和讨论的绝佳场所。飞利浦是有关电子纺织和可穿戴电子产品讨论的中心。在诸如欧洲PLACE-it[2010-14_09]之类的受补贴资助的项目的支持下，可以与该行业进行互动，对实验室中的想法进行测试，并向更广泛的公众发布商业产品[1]。

2014_09 蓝色控制
皮肤治疗仪
飞利浦

医疗应用

科恩："鲜活亮度"和PLACE-it项目产生了两个新型产品类别。第一类产品是专业的LED照明业务。"鲜活亮度"展示了如何对织物进行数字着色和编程。这个概念后来被重复使用，并在室内设计中扩大为1米宽的墙板。第二类是医疗产品，如飞利浦公司的蓝色触摸（BlueTouch）[2010-14_09]、蓝色控制（BlueControl）[2014_09]和智能睡眠（Smart Sleep）[2017_40]，这些产品汇集了关于智能服装的可穿戴性和电池使用的学问。

2010_08
乌特勒支艺术大学
（HKU）
by-wire.net 网站
平台

洛伊：在大学里，人们也非常关注可以贴身使用的医疗产品。导电纱的发明使电线变得柔韧灵活。服装变成了具有电路、传感器、执行器[2010_08]或者兼有三者的功能。这为编织心电图（electrocardiograms，ECG）、呼吸传感器、

2016_32 斑比医疗
产品（Bambi
Medical）

拉伸传感器[2015_25]和刺绣振动电机线圈[2016_14]提供了可能。在埃因霍温理工大学（Eindhoven University of Technology, TU/e），很高兴我们有幸与一家医院的新生儿部门合作，制作了一款装有软传感器的婴儿夹克[2]。这件夹克后来被小鹿斑比医疗公司（Bambi Medical）商业化[2016_32]。

智能手机的面世

科恩：我们曾经假设只有当电子产品能够以尽可能最小的程度进行机织或针织时，才能实现电子设备与可穿戴设备的顺利整合。然而事实并非如此，在2014年前后，我们注意到智能手机应用程序和腕表的面世，使得人们无须使用纺织品就可以使用可穿戴产品。

洛伊：不幸的是，可穿戴产品在消费市场上的应用速度慢得令人失望，尤其是与2000年前后提出的预期相比，更加令人失望。对于像我这样的技术专家来说，很难看到智能手机所具有的全部潜力。但是，智能手机具有储能装置、用户界面、强大的传感器、执行器和联网功能，而且足够轻，可以随身携带或"穿"在衣服里。目前，大多数智能服装的创新都发生在高水平的运动员和体育项目及医疗领域，而这些发现和调查研究结果最终可能会在消费市场中逐渐体现出来。

经验教训

科恩：我们在将导电电子技术应用到纺织品过程中遇到了一系列的问题。例如生命周期失衡。一个电子设备需要在经过20次洗涤后仍然可以继续工作，否则就需要提供免费更换的保证。然而纺织品有所不同，因为用户可以接受类似的结果，例如用户接受黑色纺织品会逐渐褪色的事实。另一个讨论重点是智能产品的报废处理。将电子产品和纺织品集中在一起使这个问题变得十分复杂，这一问题需要在任何类型的大规模市场启用之前加以解决。但是在实际操作时肯定会出现一些现实性的问题，不同行业使用不同的运作方式，给概念的产业化带来挑战。例如，纺织业的合作伙伴喜欢大批量地生产纺织布料，而我们作为电子产品制造商，第一批功能性产品只需要几米的布料。

制造过程中的数字化

洛伊：制作服装的机器和工艺流程过程正在发生变化。设计师们正在试验三维（3D）打印机和激光切割机[3]。传统工厂中常见的机器需要进行复杂的流程设置，等完全设置好后才可以投入高速大批量生产。而这些新机器可以由单个文件进行设置，并且可以创建单个工件。数字刺绣[4] 2016_14、数字印刷和数字编织[5] 2017_14 也是如此。大多数机器正朝着快速多样化甚至个性化的方向发展。

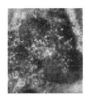

2016_14 脉冲脚（Pied de Pulse）项目产品 劳伦蒂乌斯实验室（Laurentius Lab）洛伊·费杰斯（Loe Feijs）、玛丽娜·托特尔斯（Marina Toeters），来自 by-wire.net 网站平台

科恩：在数字时代，各行各业不得不重塑自己的组织结构。在飞利浦照明（Philips Lighting）即现今的"昕诺飞"（Signify），我们正在尝试三维印刷。乍一看，三维印刷似乎是一种纺织方法。机器是可以复制的，就像织布厂的织布机一样，但过程很慢，一切都是从大线轴的材料开始。但是，这个三维印刷过程是完全数字化的，并且材料是循环的。每一分钟都可以启动一个新产品。设计师可以在一个小时内创建一个新设计并完全实现它，而且无须同事的帮助。三维印刷的产品开始是结实坚固，但逐渐变软。制作三维印刷的数字彩色织物 2012_10, 2015_20, 2016_33, 2018_41 的圣杯（对我来说）在未来的几年里将触手可及 2017_37。我们可能正在朝着一种数字化方式迈进，这种方法与安吉拉·麦基（Angella Mackey）作品中的虚拟数字动态变化时尚面料

相呼应[2019_50]。

适应在系统中使用

洛伊：目前，每件服装都与已经存储在数字化系统中的一件服装关联。服装的每个部件并不是独立存在的，它可能是品牌某一服装系列的一部分，或者是当前全套服装的一部分。例如，一件带有嵌入式传感器的智能服装[2009-14_05, 2015_25]，需要卸载其数据并连接到另一个物体上。如果是能量采集器[2012_13]，它可以与其他可穿戴设备或衣物分享能量。因此，连接的不仅是服装，生产这些产品的公司、最终用户和年轻设计师也都建立了数字连接。可持续性发展的呼吁不能再被忽视。如果技术大学和时尚产业合作，那么我们将开始看到时尚体系中真正的创新。

洛伊·费杰斯教授：埃因霍温科技大学（Eind-hoven University of Technology）工业设计副院长。洛伊·费杰斯拥有电子工程硕士学位和计算机科学博士学位。20 世纪 80 年代，他加入了飞利浦公司从事电信系统和软件设计基础工作。目前，洛伊是一名嵌入式系统工业设计的教授。他著有三本关于形式化方法（Formal Methods）的书籍并发表了超过 100 多篇的科学论文。我们与埃因霍温科技大学合作，在其可穿戴感官实验室对学生进行培训，我在那里担任行业联络员。我们致力于研究数学原理和时尚的交叉领域，努力推进服装的图案设计和生产方法。

科恩·范·奥斯教授：飞利浦照明公司可穿戴技术和纺织品专家。他拥有机械工程硕士学位，并在飞利浦丰富的技术环境中接受了进一步的教育，继续深造。科恩·范·奥斯在飞利浦（现今的昕诺飞）任职，其职位与多个部门相关，致力于许多产品和制造技术研究工作，比如可供消费者使用的新光源发光二极管（LED）。2006年，科恩通过飞利浦"鲜活亮度"项目[2008-09_0]正式涉足电子纺织品领域，专业从事各种电子纺织品的制造和可穿戴科技产品的生产。

[1] European project PLACE-it (2014, June 27). PLACE-IT: Electronics-to-wear light up health care. Digital Single Market, Projects story https:// ec.europa.eu/digitalsingle-market/en/news/place-it-electronicswear-light-health-care.

[2] Bouwstra, S. (2013). Designing for the parent-to-infant bonding experience Eindhoven: Technische Universiteit Eindhoven DOI: 10.6100/IR760049.

[3] Feijs, Loe, and Marina Toeters. (2015). Drapely-o-lightment: An algorithmic approach to designing for drapability in an e-textile garment. Leonardo 48, no. 3: 226–234.

[4] Feijs, L. M. G., and Marina Toeters. (2016). Pied de pulse: packing embroidered circles and coil actuators in pied de poule (houndstooth). Proceedings of Bridges: 415–418.

[5] Feijs, L. and Toeters, M., (2018). Cellular automata-based generative design of Pied-de-poule patterns using emergent behavior: Case study of how fashion pieces can help to understand modern complexity. International Journal of Design, 12(3): 127–144.

开拓性项目

环保围巾

Contre Choc 设计工作室
by-wire.net 网站平台

　　环保围巾（Waste Conscious Scarf）可以用来衡量围巾周围的空气质量。然而，这并不是该项目的主要目标，这条围巾主要是为了提高人们对含有电子产品的纺织品所造成的问题的认识，故而在生产过程中对电子废弃物的污染进行测量。虽然时尚科技被认为是快时尚的替代品，但是如果按照当今时尚产业的生产流程，那么电子产品的使用可能会带来更大的污染。在电子纺织品进入大规模生产之前，设计师应该能够设计考虑回收和污染的产品。

http://www.by-wire.net/20121120/

2012_12

展现时尚科技：光明未来的先驱

摄影：布莱恩·斯默德斯（Brian Smeulders）
模特：斯蒂芬妮·萨姆森（Stephanie Samson）

太阳能纤维

梅格·格兰特
拉尔夫·雅各布斯
玛丽娜·托特尔斯
安妮拉·霍伊廷克

太阳能纤维（Solar Fiber）背后的想法与一种可以将太阳光转换为电能的柔性光伏纤维有关。其目的是开发出一种可以加工成各种织物的纱线。这种"智能材料"可以用于目前使用纺织品的所有应用领域，还有一个额外的优势，那就是能够产生电流。开发光伏纤维不是一个全新的想法，但也不是一个简单的事情。其方法有两个方面：首先也是最重要的一个方面是太阳能纤维是一种带有保护层的光伏纤维，这种纤维开始时可能只有 5 毫米长，但最终可以被拉伸到 100 米。其次在太阳能纤维技术投入正式使用之前进行概念原型验证，这有助于对我们的想法进行有效的沟通，并展示这项技术在现实生活中的应用。这里通过三个原型对这种想法进行演示。

2012 年的太阳能夹克（Solar Jacket）通过采用刚性太阳能电池来考察其在当时的应用可行性。虽然太阳能电池不容易集成到纺织品中，而且也不舒适，但可以用它们收集的能量给电池和手机充电。

2013 年由荷兰的范登阿克纺织工厂（Van den Acker Textielfabrieken）织造的太阳能纤维披肩（Solar Fiber Shawl）表明，以工业化的方式编织光纤是可能的。

2015 年我们与纺织产品设计师杰西·阿杰斯（Jesse Asjes）合作编织了一件太阳能纤维针织衫（Solar Fiber Knitted Shirt），通过将光纤集成在编织过程中继续对以上的想法进行了尝试。微型光电二极管连接光纤的末端，将传输的光转换成电流。事实证明，太阳能纤维的能量是可以利用的。

http://www.by-wire.net/solar-fiber-jacket/

http://www.by-wire.net/solar-fiber-knitted-shirt-with-jsssjs/

http://www.solarfiber.nl/

2012-15_13

太阳能夹克
摄影：布莱恩·斯默德斯（Brian Smeulders）
模特：斯蒂芬妮·萨姆森（Stephanie Samson）

太阳能纤维披肩
摄影：韦特泽（Wetzer）和贝伦兹（Berends）

太阳能纤维针织衫
摄影：布莱恩·斯默德斯（Brian Smeulders）
模特：蕾娜塔·范·普顿（Renata van Putten）

千鸟格或犬齿纹项目

劳伦蒂乌斯实验室、

洛伊·费杰斯、

玛丽娜·托特尔斯，来自 by-wire.net 网站平台

千鸟格（Pied-de-Poule）是一种经典的纺织图案，通过数学理论，可以产生新颖而有趣的千鸟格图案。后面所讲述的四个项目证明了数学和时尚是可以紧密结合在一起的。

2013 年的分形千鸟格（FractalPDP）项目：2013 年，人们首次探索利用数学理论生成服装设计新图案，从而设计出一种新颖的纺织图案。其灵感来自数学中的康托尔集合理论（Cantor Set Theory），在处理过程中通过递归算法生成最终的图案模式。白色织物的外层经过激光切割，上面的小洞露出了下面的黑色织物层。如果你从远处看这件衣服，那么你会看到一个大犬齿花纹，但如果你走近看这件衣服，你会看到它是用多个小千鸟格纹做成的，这被称为分形。

在 2015 年的分形线千鸟格（Line Fractal Pied de Poule）项目中，分形被再次使用，但这里的千鸟格被设计成一条单独的线。它不是将块分割成越来越小的形状，而是从一条连续的线开始。

http://www.by-wire.net/fpdp-2/

http://www.instagram.com/laurentiuslab/

http://www.by-wire.net/line-fractal-pied-de-poule/

分形千鸟格（fractalPDP）
摄影：布莱恩·斯默德斯（Brian Smeulders）
模特：斯蒂芬妮·萨姆森（Stephanie Samson）

分形线千鸟格（Line Fractal Pied de Poule）
摄影：布莱恩·斯默德斯（Brian Smeulders）
模特：蕾娜塔·范·普顿（Renata van Putten）

千鸟格或犬齿纹项目

劳伦蒂乌斯实验室、

洛伊・费杰斯、

玛丽娜・托特尔斯，

来自 by-wire.net 网站平台

2016 年的脉冲脚（Pied de Pulse）项目有两个目标：第一个目标是研究和实现受阿波罗尼奥斯内外圆（Apollonian circles）启发并融合了千鸟格图案的分形环结构。第二个目标是利用算法设计和数字制造的力量，推动在服装中集成电动执行器，带有磁铁的扁平铜线圈在服装中起到振动执行器的作用。

2017 年千鸟格纹元胞自动机（Cellular Automaton for Pied-de-poule）项目利用元胞自动机理论生成更加抽象的千鸟格图案。因为其复杂性，只使用了小型的图案，即所谓的"小犬牙"图案模式。其图案生成器只能使用五种颜色。所需要的图案呈现为深色和浅色的对比，类似于传统的黑白千鸟格图案。小犬牙纹在某处清晰可见，而在其他地方却零零散散，这样形成了一种动态的设计。这种图案被荷兰的服装公司范恩格伦埃弗斯（Van Engelen & Evers）用于编织织物，并制成了一个小型的时装系列。

http://www.by-wire.net/pied-de-pulse

https://youtu.be/-LDk4T3y-1M

http://www.by-wire.net/cellular-automaton-pdp/

https://youtu.be/e2Zir3UcUwc

脉冲脚（Pied de Pulse）产品细节
摄影：弗洛拉·麦克劳德（Flora Macleod）

千鸟格纹元胞自动机（Cellular Automaton for Pied-de-poule）
摄影：罗宾·范·德·舍夫特（Robin van der Schaft）
造型：马艾可·斯塔尔（Maaike Staal）

2013-17_14

CRISP 智能纺织品服务

埃因霍温理工大学（TU/e）
可穿戴感官实验室以及其他参与者

智能纺织品服务（Smart Textiles Services）为纺织品开发商、产品和服务设计师提供了广阔的机会。该项目探讨创意产业如何帮助纺织产业从产品向服务、从封闭式创新向开放式创新以及从纵向生产结构向横向生产结构转变。为了实现这一目标，可穿戴感官实验室成为一个使纺织品开发人员能够了解创建智能纺织品的多学科机遇和挑战的实验室。我们选择了三个典型项目来进行更广泛的说明。

活力 2013（Vitality 2013）是一款由马丁·坦恩·博默（Martijn ten Bhomer）和宝琳·范·东恩（Pauline van Dongen）设计的让人们保持活力的开襟针织羊毛衫。这款羊毛衫可以让老年病人、理疗师及家属对康复过程的运动与进展有更深入的了解。它集成了由导电纱线制成的拉伸传感器和一款应用程序，该应用程序可以监测上身运动并提供声音反馈。这件羊毛衫是在位于荷兰蒂尔堡（Tilburg）的纺织实验室（Textiellab）编织而成的。

振动感应 2013（Vibe-ing 2013）是由恩静·全（Eunjeong Jeon）、克里斯蒂·库斯克（Kristi Kuusk）、马丁·坦恩·博默（Martijn ten Bhomer）、杰西·阿杰斯（Jesse Asjes）设计的一款带有自我保健护理功能的美丽诺羊毛服装。该款服装通过振动疗法使身体可以感知、移动从而达到治疗的效果。这款羊毛服装有好几个针织口袋，内嵌电子设备，能够感知触摸并振动身体上的特定压力点。该款服装也是在位于荷兰蒂尔堡（Tilburg）的纺织实验室（Textiellab）编织而成的。

脊柱装 2014（Spine Dress 2014）由 by-wire.net 网站平台、无纺芯材制造商朗特（Lantor）和萨克逊大学（Saxion）开发研制的一款女装。该款服装通过微小的脉冲将你的脊柱微微加热到一个舒适的温度。朗特的导电无纺布材料的电阻很大，而铜带的电阻极低，从而形成垂直传播的电流对中间的无纺布进行升温。

贡献者：De Wever 公司，元电子（Metatronics）公司，Unit040 公司，Savo BV 公司，TextielMuseum TextielLab 机构，拉尔夫·雅各布斯（Ralf Jacobs），康特·乔科（Contre Choc）.

http://www.by-wire.net/smart-textile-services/

http://selemca.camera-vu.nl/projects/smart-textile-services.html（网页已经无法访问）

https://www.mtbhomer.com/

https://vimeo.com/101247686

https://www.kristikuusk.com/

http://www.vimeo.com/user13422491/vibe-ing

http://www.by-wire.net/crisp-spine-dress/

2013-15_15

Vibe-ing 振动感应服
摄影：韦特泽（Wetzer）和贝伦兹
（Berends）

Vigour 活力装
摄影：小哈蒙德（JR Hammond），来自汉蒙
德图像（Hammondimages）

脊柱装（Spine Dress）细节
摄影：韦特泽（Wetzer）和贝伦兹（Berends）

太阳能衬衫

宝琳·范·东恩

太阳能衬衫（Solar Shirt）是我们和霍尔斯特中心（Holst Centre）合作开发的。这款衬衫的主要特点是将太阳能电池不断创新地融入纺织品中。该款衬衫既是一款时尚服装，同时也内嵌了电子设备接口，它是一种太阳能电池板和柔性电子产品的结合体。

该款衬衫使用了霍尔斯特中心（Holst Centre）的可伸缩互联技术将120个薄膜太阳能电池无缝地组合成标准化的功能模块，从而将电子设备成功集成到织物中。这种太阳能衬衫是为日常穿着而设计的，可以为智能手机或任何兼容 USB 接口的便携设备充电。宝琳·范·东恩（Pauline van Dongen）工作室采用时尚前卫的设计，而且具有日常穿着的实用性，旨在将太阳能时尚从 T 台时装秀带到大街上，成为一种大众可以接受和消费的服装产品。

http://www.paulinevandongen.nl/project/wearable-solar-shirt/

https://vimeo.com/156573547

摄影：小哈蒙德（JR Hammond），来自
汉蒙图像（Hammondimages）

2014_16

可持续和支持性的护士服装

MVO 财团，包括 by-wire.net 网站平台

MVO 护理工作服（MVO Caring Workwear）专为护士和护理人员而设计制造。by-wire.net 网站平台制造了一种具有系统性设计的舒适服装：其设计包括内外两层，内衣选择特殊的图案和面料，为体力工作者提供专业的健康服务，可以给肩部、下背部和膝盖提供支撑；外衣配有抗菌涂层，有助于降低细菌污染的风险。服装中的电子"可穿戴设备"可以在超负荷和不平衡姿势时发出警告信号。穿该款服装的人可以通过一款应用程序跟踪自己的姿势行为。气体传感器会对其周围空气中的有害物质发出警告。

这些服装对创作者和环境也很友好。在突尼斯（Tunisia）和孟加拉国（Bangladesh），拥有公平工资和安全工作场所的工人在工厂里生产产品部件，生产尽可能的环保的产品，例如通过 C2C 认证的聚乳酸 / 天丝（PLA/Tencel）纤维。最终它可以回收利用，这有助于减少医疗机构的浪费。

合作者包括 Alcon Advies、BrabantZorg、by-wire.net、DutchSpirit、JJH Textiles、Newasco、Radboudumc、UMC Groningen、UMC Utrecht en Van Puijenbroek Textiel 等公司，由 MVO Netwerk Zorg 公司与 MVO 荷兰国际专家合作进行过程管理。

http://www.by-wire.net/sustainable-and-supportive-garments-for-nurses/

摄影：简·威廉·格罗恩（Jan Willem Groen）

背面的传感器细节和智能手机应用程序

2014_17

整合的挑战：时尚科技的
社会文化介绍

利安妮·图森特

2012-15_13 太阳能
纤维（Solar Fiber）
梅格·格兰特（Meg
Grant）、拉尔夫·
雅各布斯（Ralf
Jacobs）、玛丽娜·
托特尔斯（Marina Toe-
ters）、安妮拉·霍伊
廷克（Aniela Hoitink）

2015_22 脑电波时尚
（Fashion on Brain-
waves）产品
贾斯纳·洛克
（Jasna Rok）

我们会经常接触到服装和技术，也在不断地受到服装和技术的影响。这就是为什么我们如此轻易地将它们的存在视为理所当然而忽略了它们对我们的意义。但是，如果时尚和技术这两个一直紧紧围绕着我们的"东西"合二为一会怎么样呢？

可穿戴技术领域可帮助我们预测未来的情景，那时服装和技术已合二为一，不再是相互独立的领域。在未来几年里，我可能不再需要携带许多科技设备，按下其按钮和触摸其屏幕。很快，我就可以用身上穿的衣服给设备充电[2012-15_13, 2014_16, 2017_39]、温暖我的脊柱[2014_15]、纠正我的姿势[2014_15]、空气质量不好时提醒我[2012_12, 2015_25]或者让周围的人了解我的感受[2009-14_05, 2015_22]。这些创新的设计让我们能够想象如何与周围的技术一起生活，而不是让我们的生活被这些技术所影响。通过探索使用技术和"穿戴"技术的其他可能方式，时尚技术设计师勾勒出一个未来的场景，在这个场景中，我们与服装和技术的互动是不同的，甚至可能比以往任何时候都更有意义。

整合挑战

进入 21 世纪以来，许多学者预测时尚与科技的整合将对文化和社会产生重大影响。他们强调了"时尚技术"

的表现潜力和创造潜力[1]，并认为可穿戴设备将"对我们的身心体验、沟通能力、医疗保健和生活方式产生深远影响"。[2]有些人甚至认为，可穿戴技术将从根本上彻底颠覆既有的时尚产业，最终将取代并建立一个全新的市场和价值网络[3]。然而，影响成功的主要障碍是：首先，我们对可穿戴技术的可能性、长期影响和日常体验的理解仍然十分有限。虽然目前还不清楚这些设计能带来什么样的体验、关系和交流形式，但无论是制造商还是潜在消费者都还没有准备好迎接它们最终的突破。在不同生活环境、不同社会环境、不同文化和一天或一年中的不同时间，穿戴技术到底意味着什么？为了回答这些紧迫问题并充分理解可穿戴设备对我们的意义，对穿戴者在日常环境中如何体验这些设计进行更多的纵向、大规模和定性的研究非常重要。

我的博士研究[4]为更好地理解穿戴技术的社会文化含义迈出了第一步。我参观了几场时尚技术展览和活动，并与几位模特和（测试）穿戴者进行了交谈，探索了时尚技术对人们及其行为的影响。可穿戴技术的体验是一种深层次的体验，它需要"重塑我们与身体的关系、我们对空间的体验、社会互动和自我表现"。[5]我对穿戴者和观众如何与可穿戴技术互动感到震惊，他们的反应往往混合着迷恋、敬畏和保留的态度。在研究可穿戴技术的未来潜力和影响时，重要的是要记住，影响的程度和强度在不同的设计者之间、不同的穿戴者之间以及在不同的环境下均会有所不同。因此，实现技术与纺织品成功整合的第一步是认识到将技术直接穿在身上并不断与身体接触的社会文化层面的意义。时尚技术在不同的穿戴者和不同环境中引起的含义和解释也是不同的，这表明当我们谈及可穿戴技术的体验时，始终应该先了解所处的社会和文化环境。

其次，需要克服的挑战是理解技术整合如何通过时尚影响社会互动和自我展现的力度。其最终作品通过文字、光线、颜色和发生的变化等形式，让科技时尚以前所未有的方式传递穿戴者的个性、身心健康、运动表现以及情绪等信息。因此，可穿戴技术不仅可以巧妙地从根本上改变穿戴者的自我认知以及与周围世界的沟通交流方式，而且还可以对他人对穿戴者的看法产生深远的影响。当我们像穿衣服那样穿着科技产品，而不仅只是携带或使用科技产品时，它就充满了诸如社会知名度、身份特征和自我表现形式等"时尚容貌"[4]。

最后，要认识到正是由于可穿戴技术与身体的物理接近性，它才能同时具有非常理想的效果和不良的效果。产品研发者和消费者的隐私、权利关系和自主权等道德问题都应该予以关注。一方面，时尚创新可以帮助我们以更加自觉和有效的方式保护、照顾自己或他人，未来的时尚可能会改善我们的身体体验（如更好的姿势、更温暖的脊柱、更好的运动表现）和心理状态（如感觉更少的压力、更舒适，更有自主权、更健康、更安全）。然而另一方面，可穿戴形式的监视和生物监测可能会损害穿戴者的健康和自主权，尤其是在涉及诸如老年患者[2013_15, 2015-18_30]或自闭症儿童[2016_31]这样易受伤害的群体或弱势群体时。我们需要注意不要落入技术推动的陷阱，在这种情形下，我们拼命寻找社会问题，并认为可以通过设计另一个新的雏形来解决。最终的挑战将是进行长久的研究和设计项目，其生活受项目影响的人将共同发起这些项目并对项目进行严格评估。

2016_31 独角兽
（AgentUnicorn）头饰
阿努克·维普雷希特
（Anouk Wipprecht）

利安妮·图森特（Lianne Toussaint），是一位奈梅亨（Nijmegen）拉德堡德大学（Radboud University）的文化研究博士。利安妮是荷兰奈梅亨拉德布德大学文化研究系的讲师和研究员，她在那里教授艺术和文化研究的学士和硕士学位课程，包括时尚运行管理（Working through Fashion）、时尚思考（Thinking through Fashion）和艺术与视觉文化

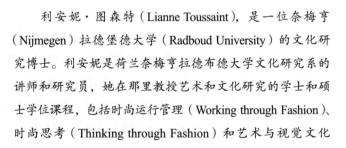

中的身体（The Body in the Arts and Visual Culture）。她的博士研究由荷兰科学研究组织（Netherlands Organisation for Scientific Research，NOW）资助，主要研究时尚科技的特性、设计和应用。从2019年9月开始，她在荷兰乌得勒支大学（Utrecht University）的媒体与文化研究系任教。

[1] Seymour，Sabine（2009），Fashionable Technology. The Intersection of Design，Fashion，Science，and Technology，Vienna: Springer.

[2] Quinn，Bradley（2002）. Techno Fashion. Bloomsbury Academic.

[3] Disrupt Fashion（2012–2016）. #DisruptFashion Hackathon，San Francisco.

[4] Toussaint，L.（2018）. Wearing Technology: When Fashion and Technology Entwine（Doctoral dissertation，Radboud University Nijmegen.

[5] Lamontagne，Valérie（2017）. Performative Wearables: Bodies，Fashion and Technology. PhD Thesis，Concordia University，Montreal，Canada.

[6] Smelik，Anneke（2017），Cybercouture: The Fashionable Technology of Pauline van Dongen，Iris Van Herpen and Bart Hess. In: From Delft Blue to Denim Blue: Contemporary Dutch Fashion，London: I.B. Tauris，pp. 252–269.

开拓性项目

霉菌花纹面料

塔玛拉·胡格维根

细菌图案是一种可定制的织物面料。通过在培养皿中培养日常生活中的细菌，并将其转移印刷在纺织品上，就可以在织物上捕捉到一个独特的世界。这些织物上的图案是应用生物技术的结果。生物技术被认为是21世纪的技术，塔玛拉·胡格维根设想将生物技术与"自己动手做"（DIY-movement）和地方经济结合起来，使技术民主化并赋予社会权力。感谢彼得·范·博希曼（Pieter van Boheemen）制作了生物黑客教学课程（Biohack Academy），并感谢玛丽亚·博托（Maria Botó）在实验室中所提供的大力支持。

http://www.tamarahoogeweegen.com/
http://www.vimeo.com/130821080

2014_18

细菌转移印刷

细菌图案模式

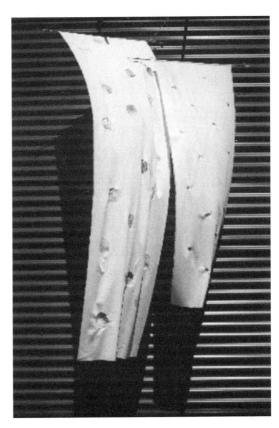

热压于纺织品上的细菌图案
© 塔玛拉·胡格维根（Tamara Hoogeweegen）

一次性洗涤服装

安克·琼格詹

在一次性洗涤（One Wash）项目中，我们对通过使用基于生物的水溶性材料来降低快时尚对环境的影响的想法进行了探索、研究和开发。穿着者使用完一次性洗涤系列的服装样品后，可以对其在洗衣房进行水洗而使其分解消失。因此，使用该种技术面料的服装，在被崇尚快时尚的消费者丢弃后不会留下任何纺织废料。该项目的重点与其说是一种技术愿景，不如说是对时尚界存在的浪费现象的一个主要驱动因素的质疑。即在当前，时尚产品的产品生命周期与快时尚的短期使用现象之间的不匹配。一次性洗涤产品为时尚在日常生活中的使用提供了另一种视角，消费后的纺织废物完全被消除。短视频 One Wash（https://youtu.be/NRjk8TYlwlY）帮助观众想象这样的产品将如何使用和影响他们的生活。

合作者：时尚未来（Fashion Futures），by-wire.net 网站平台，安东·潘涅库克研究所（API-institute, Anton Pannekoek Institute），埃因霍温理工大学（Technische Universiteit Eindhoven, Tue），萨克逊大学（Saxion）和瞄准目标（Aiming Better）公司。

http://www.fashionfutures.org/
https://youtu.be/NRjk8TYlwlY

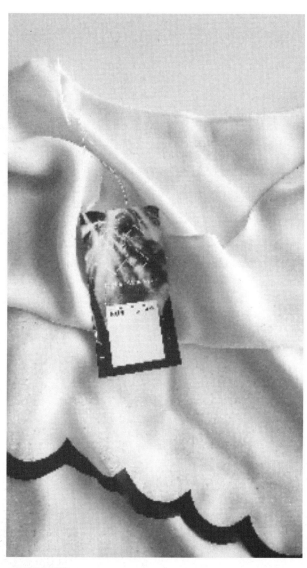

一次性洗涤服装

2014–15_19

展现时尚科技：光明未来的先驱

亮面夹克

霍尔斯特中心

by-wire.net 网站平台

亮面夹克（Bright Jacket）具有可打开或关闭的微型发光二极管。这件夹克采用了利时微电子研究中心（Imec）和霍尔斯特中心的柔性智能织物互联技术以及微型印刷电子产品。虽然其结果纯粹是为了装饰，但该项目展示了如何将技术整合到服装中。由 by-wire.net 网站平台为霍尔斯特中心（Holst Centre）设计创建的该项目和一些早期项目促进了时尚界柔性集成技术的开发。

http://www.by-wire.net/bright-jacket-for-holst-centre/

2015_20

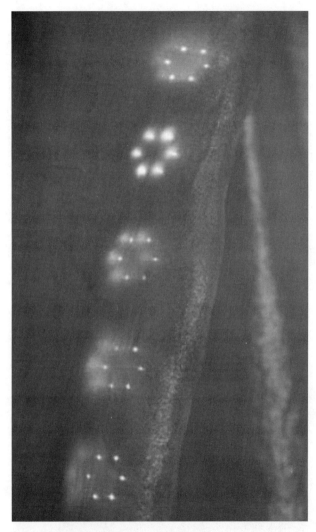

摄影：费尔泽·贝德韦尔滕（Verse Beeldwaren）

可穿戴机器人 Flow

布鲁纳·戈韦亚·达·罗沙

学习一个体育动作，如击剑，需要通过正确的身体位置、敏捷的反应和不断重复的动作进行配合。为了借助身体技能来支持学习体验，可穿戴机器人 Flow 提供了一种可穿戴面料与身体之间的沟通方式，即通过充气袋传递方向性提示。集成的气袋和气道作为执行器织物材料的延伸，负责充气，同时也为审美效果探索提供了空间。

http://www.vimeo.com/133375840

2015_21

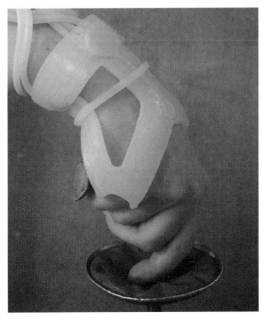

可穿戴机器人 Flow

在 2018 荷兰设计周时装发布会"时尚？目前服饰的未来设计"上展出的可穿戴机器人 Flow
摄影：阿曼多·罗德里格斯·佩雷斯（Armando Rodríguez Pérez）

脑电波时尚项目

贾斯纳·洛克

　　脑电波时尚（Fashion on Brainwaves）项目可以将你的脑电波通过可视化的电脑动画形成一种变形时尚。这种不断变化的时尚是（大脑的）第二层皮肤，是一种研究应用于时尚和自我表达的新美学和美理想（整容手术的扩展）的方式，这种技术可能会引起一种新的沟通交流方式。

　　在脑电波时尚系列服装中，通过脑电图（Electroence-phalography，EEG）技术提取了 8 个基本脑电波频率，并直接将其转换成光、波形或身体上的轮廓形状，我们可以将其视为神经网络的表征符号。这是通过将时尚、科技和科学进行结合，寻找新方法来表达我们的身份、寻找一种新的沟通方式，并为我们所穿的日常服装增加额外功能的第一步。

http://www.jasnarok.com/
https://youtu.be/8nYgOVH9VcU

Braight 被视为大脑可视化仪,衣服的颜色会随你的心情而变化。
摄影:乌娜·斯梅特(Oona Smet)

Exstanding 波提取 8 个基本的脑电波频率,并将其直接转换成 8 个
波形,均匀分布在身体的表面上。
摄影:乌娜·斯梅特(Oona Smet)

2015_22

展现时尚科技:光明未来的先驱

金宝女装

埃夫·鲁伯斯

马鲁·比默

金宝（Kimbow）是一款互动式女装，可以感应到着装者的姿势并改变颜色，用来表达着装者身体所传递的信息。当着装者以两手叉腰站立、双手放在臀部、肘部向外突出时，衣服的纤维结构被向外拉伸形成运动，从而产生颜色变化。这种动态效果强化了该姿势的外观，从而吸引更多注意力，并有可能增加着装者的自信心。

金宝女装是时尚技术设计师埃夫·鲁伯斯（Eef Lubbers）与时装设计师兼研究员马鲁·比默（Malou Beemer）跨学科合作的成果。埃因霍温理工大学（Eindhoven University of Technology）、蒂尔堡纺织实验室（TextielLab Tilburg）和阿特森电子产品公司（Aartsen Elektronica）也提供了大量支持。

http://www.maloubeemer.com/project/kimbow/

https://vimeo.com/129483770

藏于衣内的技术
摄影：鲍勃·芒斯（Bob Mans）
模特：詹内克·耶里森（Janneke Jeurissen）、穆阿·贾宁·范·赫尔登
（Muah Janine Van Helden）

展现时尚科技：光明未来的先驱

衣服正面变色细节

摄影：鲍勃·芒斯（Bob Mans）

模特：詹内克·耶里森（Janneke Jeurissen）、穆阿·贾宁·范·赫
尔登（Muah Janine Van Helden）

2015_23

第四章　整合的挑战：时尚科技的社会文化介绍

精心打造幸福：使用数字技术支持协同设计的蕾丝制作过程

盖尔·肯宁

2014 年以来，我已经多次访问荷兰，并与许多可穿戴技术的先锋人士进行了富有成果的对话。这促使了我对已经发生的一系列发展的思考，并反思了我自己与纺织品和技术的关系。我目前的工作是调查研究影响老年人和痴呆症患者生活方面的创新实践、参与式设计以及协同设计方法。这一兴趣源于一系列探讨社区中的老年人如何进行职业技能活动的项目。对于许多人而言，特别是妇女，纺织手工艺品活动为他们的生活带来了意义 [1]。针织、钩针编织和花边制作等以手工为基础的纺织活动为许多妇女带来了挑战和社交互动，使得她们的身心得到鼓舞、创造性得以发挥。但是，许多一生从事手工艺活动并希望继续从事这种活动的人们发现，随着年龄的增长，他们将缺乏从事这些工作所需的机敏灵活性和体能。无法胜任工作会影响他们自身的心态和幸福感。

越来越多的智能纺织和创新时尚科技项目，其目标是支持有身心健康需要或慢性病的人的健康。这些项目解决了儿童的自闭症问题 2016_31，并对老年人 2015-18_30 和遭受痛苦的人给予支持。这些项目往往是在主流时尚产业之外进行运作，而主流时尚产业往往只专注于身心健康的人群，以及那些具有"常规"美感的产品。相比之下，时尚技术设计师的作品往往被看作与美和美学不沾边，他们的作品常常被认为是异化的、污名化的、缺乏审美和社交穿

2015-18_30 Cliff
自动拉链
穆罕默德·巴哈罗姆
（Mohamad Baharom）

戴性的产品。但是，所有人都应该有机会接触和体验到具有好的设计、漂亮而具有美感的产品[2]。"图案模式工艺"（Pattern as Process）和"进化蕾丝花边"（Evolutionary Lace）项目[2009-16_06]探索了蕾丝花边及其制造。这种形式的纺织品因其具有的美感而备受推崇。这两个项目均探索了如何让所有人都能以同样的形式参与其中。而且这两个项目均以一个理念为前提，即必须包括具有美感、新颖而令人愉快的活动，并可以对健康和幸福产生积极影响。

跨学科研究（包括艺术与工艺、医疗卫生和社会研究等）已经开始显示"日常"创造力（如纺织工艺品）对幸福的重要性[3][4][5]。所有人包括社区老人都可以具有这种形式的"日常"创造力，使用非药物方法维持老年人口的幸福和"生活质量"，对个人、社会和经济均有积极影响。到2050年，这一点尤其必要，因为那时全球65岁以上人口的数量将增加3倍。通过这种方式，服装和纺织行业可以首先设计符合特定健康需求的服装，然后提供与时尚和纺织美学相关的活动以及相关待办事项，从而为老年人提供福利。我的设计和研究项目主要探索如何将技术应用于纺织品，以支持老年人的健康幸福，特别是从事手工艺品活动的妇女的健康。

研究设计项目试图打破人们对蕾丝花边织物具有的常规想法。我的工作始于探索用钩针编织蕾丝花边，这种形式的蕾丝编织物没有受到工业革命的影响，因为其工艺过程不容易机械化。历史上，蕾丝被认为是一种由线状物材料和非物质的空间结合而成的织物。这是一种物理工艺过程，生产可以用来制作和装饰衣服的物品。该项目通过将蕾丝花边图案转化为数字环境的信息，并在与其系统核心处的图案形状进行接合。其研究使我们对蕾丝花边图案有了更深入的理解，并探讨了是否可以通过改变蕾丝花边图案的发展脉络来创造新的花边图案[2013_06]。由洛伊·费杰斯

2013_06 图案模式
工艺（Pattern as
Process）

（Loe Feijs）和玛丽娜·托特尔斯（Marina Toeters）研发设计的千鸟格（pie –de-poule）[2013-17_14] 项目也采用了类似的工艺。"进化蕾丝花边"（Evolutionary Lace）和"图案模式工艺"（Pattern as Process）项目展示了如何对用钩针制作蕾丝的动作进行彻底改变，从而可以使用技术构建数字化的蕾丝花边图案，然后使用三维印刷进行实际生产。

这些推测性的蕾丝图案引发了人们的疑问：为什么在时尚行业用蕾丝来装饰服装时，往往只是对现有的蕾丝图案进行改造，而不是探索设计新的图案。数字印刷技术使得将复杂图像打印到织物上成为可能，那么在人造纺织品中这一点与什么等同？这些项目表明，它是将图案转换成代码然后使用三维印刷技术将图案印刷在织物上。这为通过技术来影响可穿戴产品开辟了可能性，不仅影响蕾丝的材质，而且影响蕾丝的构想、形状、价值和穿着方式[2017_37, 2018_47, 2018_49]。蕾丝的传统价值是作为极其珍贵的物品或配饰，蕾丝的当代价值可能位于投机美学、工艺流程或在通过引入技术而提供的共同创造机会中。

利用科技，可以将数字化的图案制作方式提供给那些不再能灵巧地操作细线的老年人。通过参与式的方法，设计师可以提供支持，使人们能够继续从事可以给他们带来快乐、有社区意识的活动，并让他们能够继续进行力所能及的技能活动，参与其中。通过让人们参与到参与式设计和共情协同设计的方法中来，为创造被社会接受的、不会被污名化的可穿戴技术提供了机会，也为可穿戴技术开发人员提供了更好地理解美学要求和文化需求的机会。

盖尔·肯宁（Gail Kenning）：澳洲悉尼科技大学（University of Technology Sydney）高级研究员，澳洲新南威尔士大学（University of New South Wales）未来老龄化研究所（Ageing Futures Institute）研究员，英国卡迪夫城市大

2017_37 Perflex
定制化产品

2018_49 UNSEAM
数字化产品

学（Cardiff Metropolitan University）和新南威尔士大学老龄化和痴呆症患者计划的荣誉读者。盖尔·肯宁（Gail Kenning）是一位艺术家、设计师和研究员，致力于创新、数字媒体、工艺、扩展纺织品和健康的探索研究。她是老龄化未来研究所（Ageing Futures Institute）的研究员，悉尼科技大学物化记忆（Materializing Memories）研究项目的高级研究员以及新南威尔士大学艺术与设计领域的研究员。盖尔探索研究了基于工艺的纺织品的进化模式和规则，并因此而获得博士学位，其相关网址为 www.gailkenning.com。她非常了解纺织品的质量及其对我们日常生活的影响，并经常从工艺和制造者的角度出发采用共同设计和参与式方法与人们互动。

[1] Kenning, G. (2015). "Fiddling with Threads": Craft-based Textile Activities and Positive Well-being. Textile, 13(1): 50–65.

[2] Dunne, L., Profita, H., Zeagler, C. (2014). Social Aspects of Wearability and Interaction. In Wearable Sensors (pp. 25–43). Academic Press.

[3] Corkhill, B., Hemmings, J., Maddock, A., Riley, J. (2014). Knitting and Well-being. Textile: The Journal of Cloth and Culture, 12(1): 34–57.

[4] Csikszentmihalyi, M. (1996). Creativity: Flow and the Psychology of Discovery and Invention. 1st edn. New York: HarperCollins Publishers.

[5] Gauntlett, D. (2011). Making Is Connecting: The Social Meaning of Creativity from DIY and Knitting to Youtube and Web2.0. Cambridge: Polity Press.

[6] Richards, R. E. (2007). Everyday Creativity and New Views of Human Nature: Psychological, Social, and Spiritual Perspectives. American Psychological Association.

开拓性项目

MycoTEX 女裙

安妮拉·霍伊廷克、
尼法（NEFFA）时尚品牌

MycoTEX 是一件以蘑菇根菌丝为灵感创造出可持续的织物纤维制作的女裙。这件衣服是可堆肥服装的第一个概念证明。通过与卡琳·沃格（Karin Vlug）合作开发的一个基于人体造型的工艺，通过使用这种新型方法可以用纺织品制作出完美的、适合个人体型的服装，且无须裁剪和缝制。

http://www.neffa.nl/mycotex/

https://youtu.be/nVJv4bWnOCM

2015_24

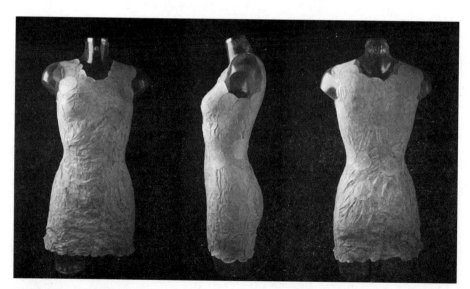

MycoTEX 女裙，卡琳·沃格
© 杰罗恩·迪茨（Jeroen Dietz）

展现时尚科技：光明未来的先驱 082

MycoTEX 首款概念验证的可堆肥女裙
© 安妮拉·霍伊廷克（Aniela Hoitink）| 尼法（NEFFA）时尚品牌

纳兹羊驼项目

玛丽娜·托特尔斯，
来自 by-wire.net 网站平台；
马丁·坦恩·博默

纳兹羊驼（NazcAlpaca）项目是研究纺织品中如何将羊驼毛纱线与可穿戴技术相结合，旨在避免因工作而造成的应力问题。使用该技术制作的衬衫可以对穿着者的身体状态进行监测，并将上背部的微小振动信息传递给一个应用程序，该应用程序用于调整设备设置、启动训练并检查历史记录。其中有两条围巾可以用来测量穿着者周围的空气质量和温度。

纳兹羊驼项目是与秘鲁的熊溪矿业公司（Bear Creek Mining S.A.C.）合作研发的，它展示了如何将从人体采集的数据通过集成技术用于人体本身，而不是仅仅作为分析的静态知识库而存在。

http://www.by-wire.net/nazcalpaca-body-monitoring-alpaca-fashion-innovation/

https://youtu.be/NJr6n7fUba8

服装背面
摄影：伊兹克·克兰察（Iztok Klančar）
模特：克里斯特尔·范·瓦伦（Kristel van Walen）

2015_25

纳兹羊驼服装细节

与羊驼毛线结合的磁铁连接和导电纱

展现时尚科技：光明未来的先驱

Phototrope 光感衬衣

宝琳·范·东恩

Phototrope 光感衬衫是一种发光的跑步衬衫，目的是增强跑步者应对不断变化的光线条件的能力。设计的出发点是：光不仅可以提高安全性，而且还有助于形成一种新的美学表达形式。它不仅可以使穿着者在夜间跑步时保持可见并感到安全，而且可以通过灯光与其他跑步者进行有趣的互动。在 by-wire.net 网站平台的支持下，对一组跑步者穿着 Phototrope 光感衬衫的体验进行了测试。该项测试表明：光不仅会影响跑步者的身体表现，而且在某些情况下，可以通过让他们进入一种流动状态而获得心理层面上的支持。该服装由飞利浦研究院（Philips Research）、by-wire.net 网站平台、弗雷德·范·穆克（Fred van Mook）轻骑兵（Lichtlopers）团队和阿特森电子产品公司（Aartsen Elektronica）合作开发。

http://www.paulinevandongen.nl/
http://www.vimeo.com/127916473

摄影：小哈蒙德（JR Hammond），
来自汉蒙图像（Hammondimages）

展现时尚科技：光明未来的先驱

2015_26

姿势感应服装

王琦，来自埃因霍温科技大学

姿势（Zishi）感应服装可以对穿着者的体位姿势进行监测，并使用收集到的信息来改善治疗效果。体位监测和矫正技术结合可以帮助预防和治疗脊柱疼痛，也有助于检测和避免上肢神经康复期间的代偿运动，这对于确保治疗的有效性非常重要。

http://www.by-wire.net/zishi-posture-sensing-garment-for-rehabilitation/

2015_27

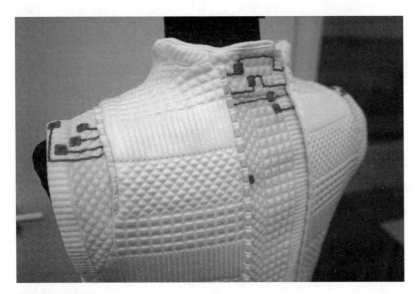

背面传感器连接细节
摄影：巴特·范·奥比克

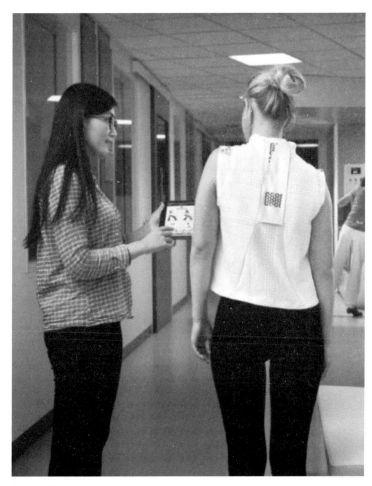

摄影：巴特·范·奥比克

智能时装生产

卡琳·沃格、
劳拉·邓克

　　时装设计师卡琳·沃格（Karin Vlug）通过与合作伙伴和知识机构的合作，研究服装生产的未来。通过材料研究和重新设计服装的生产工艺过程，为更可持续的时尚业做出了贡献，实现了在本地按需和数字化生产。她与阿姆斯特丹时装学院（Amsterdam Fashion Institute，AMFI）的研究员劳拉·邓克（Laura Duncker）合作开发了智能时装生产（Smart Fashion Production）的基本概念。他们超越了传统的图案制作和缝纫方法，创建了一个新的时装生产系统。在该生产系统中，服装设计是基于对穿着者三维人体扫描而获取的信息数据，与穿着者的体形完美契合，非常合身。基于三维人体扫描以进行服装生产，因此没有剩余的材料，也无须大量的手工工作。

http://www.karinvlug.com/smartfashionproduction/

2015_28

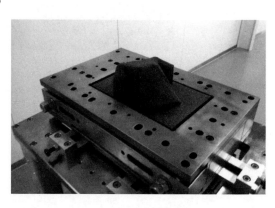

D 型模具，最佳成型解决方案

织物材料研究

摄影：佩吉·柯伊珀斯（Peggy Kuipers）
模特：皮帕·布特（Pippa Bout）

第五章　精心打造幸福：使用数字技术支持协同设计的蕾丝制作过程　　　　093

"这个适合我"个性化时装系统

列昂妮·滕霍夫·范·诺登、
恩比·金

"这个适合我"（This Fits Me）是一个可以通过三维人体扫描和生成算法来设计独特而具有个性化时装的系统。该系统基于客户的三维人体扫描创建虚拟服装，并且可以为定制服装生成设计。这样的服装既合身，又符合客户的身份。系统将生成的线条图案投射在衣服上，通过生成算法中的变量可以对线条图案进行调整，从而使客户可以根据个人喜好调整服装上的线条图案。创建的线条图案也将用于服装中的接缝，从而创建一种新的服装图案方法。织物上的图案通过激光切割技术从织物上切割下来。

http://www.leoniesuzanne.com/
https://vimeo.com/107469973

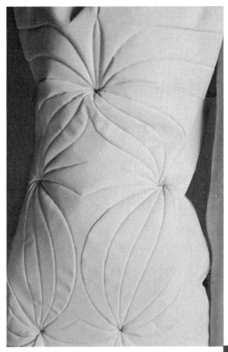

摄影：米歇尔·佐特（Michel Zoeter）
发型和化妆：丽莎·舒伊尔（Lisa Schuil）
模特：安柏，来自 @ Egosmodels 模特经纪公司

2015_29

第五章　精心打造幸福：使用数字技术支持协同设计的蕾丝制作过程　　　　095

迈向整体时尚生态系统：通过可穿戴感官实验室将研究、教育与社会联系起来

史蒂芬·文斯文

可穿戴感官实验室（The Wearable Senses Lab，WSlab）是埃因霍温理工大学（Eindhoven University of Technology，TU/e）工业设计系的一个实验室。该实验室成立于 2008 年，是一个用于进行可穿戴计算或智能纺织品近身交互（Close-to-the-body Interactions）的创新、实验和教育的场所。通过进行与电子产品和纺织品相关的一些项目，我们意识到运动服装和电子产品之间可以建立一种有趣的联系。阿迪达斯公司（Adidas AG）当时也意识到这方面的潜力，联系我们并为该领域的后续研究提供资金支持。我们购买了诸如缝纫机和导电织物等工具和材料，就这样可穿戴感官实验室诞生了。

可穿戴感官实验室（WSlab）为学生、研究人员和业界提供了一个研究、互动的平台和社区，其目的是让他们可以在这里一起创造原型和探索未来。这是通过将研究与教育相结合，并且注重研究和实践技能的培养来实现的 [1]。我们提倡以技能为中心以及通过设计做研究（Research-through-design）的方法。这种方法可以看作是设计和研究之间的迭代循环，他们在实验室进行原型设计、原型构建，并在现实环境中实验测试原型，然后根据测试结果对原型进行重新设计、构建和实验。人们的技能、知识和想法就在这种迭代循环的过程中而形成 [2]。在可穿戴

感官实验室，来自不同学科的人们紧密合作，时尚设计师、人类生理学专家、心理学家、社会学家、数学家和工程师需要进行互动合作，创造出能够被市场最终用户接受的商品。可穿戴感官实验室（WSlab）已建立了一个强大的地区、国家和国际行业合作伙伴网络，并得到纺织和电子领域同行的支持[3]。

可穿戴感官实验室对时尚在交互设计中的作用的看法

埃因霍温理工大学工业设计系多年以来一直致力于技术和交互设计研究。将时尚引入技术和交互设计，意味着我们不再需要提醒学生身体本身、文化和美学对细节的关注、材料的选择以及外观呈现等方面在研究中的重要性。当时尚与技术相遇时，这些方面就变得不言而喻，并成为设计项目的固有目标。时尚领域可以采纳在太空或军事研究领域中提出的前瞻性思维和先进的探索思想。时尚具有未来前瞻性职能作用，可用性或功能只是设计的一部分，但并不是其出发点，对未来服装前瞻性才是重点。这为材料探索和实验提供了空间。就像概念车对于汽车工业和设计师的意义一样，时尚为交互设计和设计师提供了实验的领域。

2011-15_15 Vigour
活力装
埃因霍温理工大学可穿戴感官实验室以及许多其他参与者

创意产业科学计划（Creative Industry Scientific Program，CRISP）智能纺织服务

我们的学生在每个学期都会提出许多项目和想法，虽然不能产生持久的影响，但我们的声誉越来越高，我们被邀请参加了为期4年的创意产业科学计划（Creative Industries Scientific Program）2011-15_15。就这样，智能纺织服

务（Smart Textile Services，STS）项目成立了。该项目是一个合作项目，旨在创建一个"鼓舞人心的试验台"，以探索平台、方法、工具和材料，并与多个合作伙伴合作以提高原型的质量。这样，创意产业就可以通过提供其专业知识来探索设计智能纺织产品服务系统的可能性和挑战。

智能纺织服务（STS）方法论的驱动因素是"增长计划"[4]和我们对原型设计和通过设计做研究（Research Through Design）这种做事方式的坚定态度。在通过设计做研究的过程中，设计师是研究人员，他们在设计和想法、概念和原型的实现过程中产生新知识。然而，智能纺织服务（STS）超越了一个设计、一个设计师/研究者、一种场合的传统方式，其最终产品系列由 11 个设计项目的产品而组成 2014_15，这些设计项目来自多个设计师或研究人员，针对不同的用户群体 2013_15，如老年人、父母、儿童、痴呆患者、他们的合作伙伴和治疗师。11 个项目概念中有四个项目涉及多次迭代 2013_15。智能纺织服务（STS）实现了多项产业创新，包括：针对技术合作伙伴的创新商业模式；从顾问角色转向可穿戴产品的技术平台；对荷兰纺织业的创新潜力提出新的展望并探索其服务供应商；技术和纺织合作伙伴之间的跨界合作潜力。该项目超越了"模糊前端"的原型设计，并为新想法或概念从最初的培育到孵化再到实行开发了一个"增长计划"。公司还推出了一类新型的智能纺织产品服务系统 [4]。

创意产业科学计划（CRISP）为每个参与者提供了从不同角度对项目进行深入了解的机会。重要的一点是，智能纺织品的新技术机遇需要在其系统性的背景下加以理解，机遇不仅影响产品、服务和用户，而且也影响用户周围的一切，包括生产、维护以及后续岁月。研究人员能够将研究成果应用到合作伙伴的"现实世界"中。例如，除了传统的侧重于计量产品的生产，纺织行业的合作伙伴还可以

2014-15 脊柱装
埃因霍温理工大学可穿戴感官实验室以及许多其他参与者

2015_26 Phototrope 光感衬衫
宝琳·范·东恩（Pauline van Dongen）

2019_50 Phem 带有数字化层的面料
安琪拉·麦基（Angella Mackey）

学习研究产品服务系统的创新方法。服务提供商指出了如何最好地让他们参与创新研究，例如，与他们有计划地、系统性地进行交流，而不仅是提供一件纺织品或产品服务系统中的单一接触点。

智能纺织服务（STS）受到好评和认可，并激发了新的研究项目。如荷兰科学研究组织（Netherlands Organization for Scientific Research，NWO）的"精致可穿戴品"（Crafting Wearables）项目和欧洲的 ArchInTex 项目。"精致可穿戴品"项目的成果包括 Phototrope 光感衬衫 2015_26 和 Issho 智能牛仔夹克 2017_36。带有数字化层的面料 Phem 2019_50 [5] 是 ArchIn Tex 项目的成果之一，该产品的研究应用目前正在一个超个性化产品和服务项目中继续进行 [6]。

未来目标：研究、教育和社会

研究人员、学生、企业和消费者都倾向于停留在各自适宜的领域。他们不能也不应该独自应对挑战，应该跨越并面对多种观点，以便实现理想与现实、短期与长期、个人与社会的有机结合。

对于一所大学来说，与社会相关的教育的未来是基于挑战的学习，学生通过参与真实而开放的项目进行学习。在这些项目中，他们与研究人员、行业专家和社会成员合作，应对社会挑战并探索未来。这些项目可以激发有抱负有理想的学生发起真正的变革 2014_18, 2015_21, 2015_23, 2015_29, 2016_34, 2017_37, 2018_42, 2018_44。

类似可穿戴感官实验室（WSlab）这样的平台可以促成两种观点的改变：一种是我们所处社会的短期观点，另一种是继续发展并改变未来的长期观点。对于这些观点，我们需要将技术发展和研究整合到一个社会环境中，并同时对机遇和后果进行研究。我们还需要具有前瞻性，在认识未来的同时，也要对所获得的知识进行研究、分析和构建。

可穿戴感官实验室（WSlab）很乐意与您合作，让我们携手
一起探索未来！

　　史蒂芬·文斯文（Stephan Wensveen）是埃因霍温理
工大学（Eindhoven University of Technology，TU/e）的教
导主任和建筑设计研究系的教授。他是埃因霍温理工大学
在智能产品、服务、系统和程序研究领域的教授以及工业
设计学士学位和研究生课程的主任。史蒂芬的兴趣基于
"通过设计做研究"的方式来促进研究、教育和社会创新之
间的合作。他是可穿戴感官实验室（2008 年）的发起人，
也是 CRISP 智能纺织品服务计划的联合创建者。史蒂芬慷
慨地支持了 2018 荷兰设计周博览会（DDW18），并激励我
组织撰写了这本书。

[1] Wensveen, S. A. G. (2018). Constructive design research.
　　Eindhoven: Technische Universiteit Eindhoven.

[2] Koskinen, I., Zimmerman, J., Binder, T., Redstrom, J., &
　　Wensveen, S. (2011). Design research through practice: From the
　　lab, field, and showroom. Elsevier.

[3] Tomico, O., Wensveen, S., Kuusk, K., ten Bhömer, M.,
　　Ahn, R., Toeters, M., & Versteeg, M. (2014). Day in the
　　lab: Wearable senses, department of industrial design, TU
　　eindhoven. Interactions, 21(4), pp. 16-19.

[4] Wensveen, S. A. G., Tomico, O., ten Bhomer, M., & Kuusk,
　　K. (2015). Growth plan for an inspirational test-bed of smart
　　textile services. In 10th ACM Conference on Designing Interactive
　　Systems (DIS 2014), June 21-25, 2014, Vancouver, Canada.
　　Association for Computing Machinery, Inc.

[5] Mackey, A., Wakkary, R., Wensveen, S., Tomico, O., &
　　Hengeveld, B (2017, March). Day-to-day speculation: Designing
　　and wearing dynamic fabric. In Proceedings of the Conference on

Research Through Design，pp. 439–454.

[6] Ten Bhömer，M.，Tomico，O.，& Wensveen，S. (2016). Designing ultra–personalised embodied smart textile services for well–being. In Advances in Smart Medical Textiles，pp. 155–175. Woodhead Publishing.

开拓性项目

Cliff：自动拉链

穆罕默德·扎里·巴哈罗姆

老年人、残疾人还有穿着紧身衣服的人，在打开和拉合拉链时会遇到困难，因为他们的身体原因导致无法操作，或者因为拉链位于衣服的背面而无法完成操作。Cliff 自动拉链可以帮助人们打开和拉合拉链，我们将其应用到一件热升华印花连衣裙上。Cliff 是一种时尚的自动化辅助技术的设计方法，该设计也可用于帐篷等其他工业上。

http://www.by-wire.net/cliff/

2015–18_30

乔克·洛克兹曼（Joke Loozeman）在黄色热升华拉链连衣裙上佩戴的第五次迭代原型，
摄影：马克西姆·达森（Maxime Dassen）

摄影：穆罕默德·扎里·巴哈罗姆

独角兽头饰

阿努克·威普瑞希特

独角兽（Agent Unicorn）是一个装饰物件，形状像独角兽头上的角，是给患有多动症（ADHD）的儿童用的。喇叭状的头饰通过 P300 波来测量大脑活动。独角兽角状头饰里的一个小照相机就像一个额外的眼睛。头饰可以用来测量儿童的注意力程度和所专注的事情。患有多动症的孩子通常在这两方面都有问题。这种头饰的设计目的是帮助找出可能触发多动症的因素，并更好地了解造成孩子分心的因素。这也是一个非常有趣的装置设备，它让这些孩子在医疗环境中有了更多的乐趣。

http://www.anoukwipprecht.nl/
https://vimeo.com/174628551

2016_31

摄影：玛丽耶·迪凯玛（Marije Dijkema）

第六章　迈向整体时尚生态系统：通过可穿戴感官实验室将研究、教育与社会联系起来　　105

斑比腰带

斑比医疗、西布雷希特·鲍斯特拉

荷兰医疗科技初创公司斑比医疗开发了第一款无线新生儿生命体征监测产品斑比腰带（Bambi Belt）。斑比腰带以亲肤且无线的方式有效测量早产儿的生命体征（心电图、呼吸）。斑比腰带旨在帮助减轻目前监测早产儿的方式所带来的疼痛和压力。这也将有助于护士和父母更轻松地进行操作，以实现最佳的袋鼠妈妈式护理，即父母和婴儿之间的皮肤接触。根据世界卫生组织的说法，这已被证明在改善长期临床结果的同时，对亲子关系至关重要。斑比腰带的开发是基于埃因霍温理工大学（Eindhoven University of Technology，TU/e）的西布雷希特·鲍斯特拉（Sibrecht Bouwstra）博士在 2013 年的研究成果。

http://www.bambi-medical.com/
https://youtu.be/aSpJ0zTM744

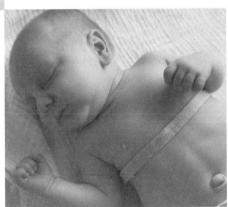

使用中的斑比腰带

2016-19_32

伊利亚 2016 年春夏同化系列灯光时装

伊利亚·维瑟、by-wire.net 网站平台

by-wire.net 网站平台与 ILJA 时尚设计团队合作，为 2016 年春夏系列（SS16）同化（ASSIMILA）开发了集成灯光系统。这些灯光系统被整合到五个时装造型中，在巴黎时装周上进行了展示。顾名思义，同化系列关注的是"同化"（assimilation）概念。该系列的灵感来自皮肤，通过集成的灯光系统将颜色的变化诗意地表达出来。

http://www.by-wire.net/ilja-assimila-ss16-fashion-technology/

https://youtu.be/KGdxrNUOHCA

摄影：艾丽斯·托德（Elise Toide）和彼得·斯蒂格特

2016_33

醉迷人 Spellbound 时尚服饰

克里斯蒂·库斯克

醉迷人 Spellbound 是一个爱沙尼亚（Estonian–based）的时尚品牌，它把用户描述为"有意识的魔法爱好者"，其产品旨在塑造和影响人们对时尚产品可持续消费的态度。所有产品均在爱沙尼亚（Estonia）进行开发和生产，使用当地优质的边角料并遵守当地的生产道德原则。此外，醉迷人 Spellbound 探索了纺织品和服装设计领域新的可持续发展方向，同时通过技术实施带来有趣的变化。

http://www.spellbound.ee/

2016_34

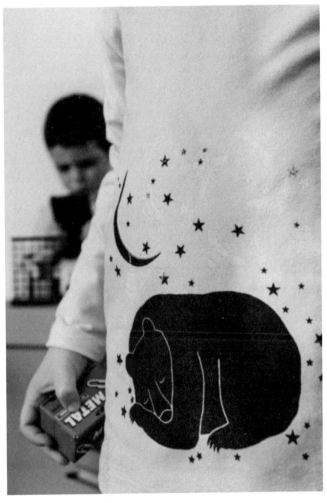

摄影：Worth project 项目

图案：克里斯汀·扎布兰斯基（Kerstin Zabransky）

SaXcell 萨克逊纤维

萨克逊大学

　　SaXcell 萨克逊纤维是一种创新的纤维素纤维（也称人造纤维），它是用棉花废料生产的。SaXcell 是 Saxion cellulose（萨克逊纤维素）的缩写，是一种再生的原始纺织纤维，由化学回收的生活棉花废料制成。将生活中的废棉转化为 SaXcell 纤维的过程是循环纺织链中的一个关键步骤。

http://www.saxcell.nl/

https://youtu.be/-27Moxcwm-Q

2016_35

SaXcell 萨克逊纤维

目视检查废棉

SaXcell 萨克逊纤维织物

Issho 智能牛仔夹克

宝琳·范·东恩

  Issho 在日语中的意思是"团结""相同"和"共享"。Issho 项目发现了一种新的可能性，即将导电纱线编织成牛仔布，以获得一定程度的智能，从而增强身体与日常环境的关系。织物纬线中的金色导电纱线形成了触感区。这款智能牛仔夹克可以记录社交互动（智能手机上的身体接触和活动），还可以使用小型振动马达向穿着者提供反馈。该件牛仔夹克可通过身体的感觉（上背部轻轻抚摸的感觉），达到鼓励穿着者表现自我的目的。

  http://www.paulinevandongen.nl/
  https://vimeo.com/207468324

摄影：莎朗·简·多皮格 和 穆阿·安吉利克·斯塔佩尔布鲁克

2017_36

第七章

从设计虚构到设计未来：让可持续的想法和创新更接近现实

安克·琼格詹

时尚创新是一件复杂的事情。在为可持续发展的未来发起必要的变革方面，时尚行业已经证明了自己的不足。其中有三个原因，第一个原因是产品周转速度，第二个原因是缺乏重点。时尚公司通常没有研发部门来确保一些重要而具体的前瞻性思维。因此，大多数公司没有把新兴创新和日常决策联系起来。他们的重点是对时尚的款式和颜色进行预测以及保持销售，这意味着时尚的变化是有限的，也往往是肤浅的，仅仅用一种款式取代了另一种款式。

时尚行业尚未做好准备来发起变革的第三个原因是最终用户，即穿戴者。时尚在很大程度上具有一种文化功能，通过它，我们可以体验我们的身份并进行交流[1]。作为用户，我们的穿着、我们对自己的看法以及我们认为别人会如何看待我们之间有着强烈的联系。在这种情况下，改变款式风格已经是挺可怕的事情了，而改变范式则可能会让人不知所措[2]。这意味着时尚公司所面对的受众不一定对把新产品穿在身上感兴趣。对大多数人来说，时尚和服装就是随大流，而不是创新或者革新[1]。

激发性的思辨设计

我们如何才能实现这种范式转变呢？如果无法想象出更好的方式或更好的未来，时尚就无法改变。思辨设计

（也称推测设计）是为此目的而出现的一种强大的工具。思辨设计并不试图预测未来，而是想象和可视化可能的未来场景。它使用设计来"打开各种各样的可能性，可以讨论、辩论，并用来共同定义一个更好的未来……"。[3] 然而，如今的时尚业内人士和专家们确实在试图预测未来，试图理解购买产品的受众的未来需求和愿望。虽然思辨设计涉及当前的社会问题，但是它可以选择它想要的未来，并在此基础上构建。正如邓恩（Dunne）和拉比（Raby）所言，"我们所讨论的不是一个用于试验事物现状的空间，即如何让它们变得更好或有所不同，而是关于其他可能性"。[3]

这种设计可能围绕着未来主义的原型而进行，但它主要依赖于场景构建和故事叙述，这也是这种类型通常被描述为"设计虚构"的原因。这种特征赋予了思辨设计力量，帮助和引导时尚产业进行转型。同时也创造出一种视觉，让时尚的穿着者能够感受到并习惯一种新的身份体验。思辨设计不一定提供答案或备选方案，它的主要关注点是通过"不真实"来促使观众质疑今天的现实。未来的设计愿景是"激发"，意味着改变我们的思维方式[4]。思辨设计往往是基于一种理想主义，即"增加更可取的未来发生的可能性"。[3] 然而，目前它似乎已经从提出"遥远的未来概念"转向关注"验证"。越来越多的设计师开始对他们的想法的适用性负责，他们认为在未来的5~10年，这些想法在现实中是可能实现的[4]。

时尚设计虚构

这种理想主义和对验证的关注是我们在荷兰时尚思辨设计中看到的"实用性虚构"的关键驱动因素。这些未来的探索将利用设计和科学来探索如何应用技术进步[3]。

2014-15_19，一次性
洗涤（One Wash）服装
安克·琼格詹（Anke
Jongejan）

2017_38，Res Materia
项目产品
桑·卡森伯格（Sanne
Karssenberg）

2012_11，未来的 Polo
衫，由 m.nster. 和 Studio
Roosegaarde 设计工作
室 为鳄鱼（Lacoste）
品牌设计

One Wash 一次性洗涤 [2014 -15_19] 项目是我与大学研究人员和行业伙伴合作的一个项目。它利用场景构建和虚构原型，将设计中的生命周期思维引入时尚行业及其穿戴者中。卡琳·沃格（Karin Vlug）的智能时尚生产（Smart Fashion Production）[2015_28]、塔玛拉·胡格维根（Tamara Hoogeweegen）和 Contre Choc 设计工作室的霉菌花纹项目（Posterus Textilus project）[2014_18] 以及 by-wire.net 网站平台的废物意识环保围巾（Waste Conscious Scarf）[2012_12] 项目，都利用设计来探索基于技术可能性的替代方案，以供行业用户使用或直接影响消费者的行为。

桑·卡森伯格（Sanne Karssenberg）的 Res Materia[2017_38] 项目并不是为了寻求验证，而是使用纯粹的"非现实"来探索时尚与"新事物"之间的关系。这种将推测作为艺术研究的方式显示了大学和艺术学院的重要作用，即通过"不真实"和狂热的探索来培育新的可能性。罗斯加德（Roosegaarde）工作室为鳄鱼（Lacoste）品牌设计的未来的 Polo 衫（Polo of the Future）[2012_11] 方案，就是一个非常好的商业推测设计例子案例。促销短片视频展示了设计虚构的潜力，吸引时尚穿戴者来体验未来可能产生的影响以消除变革的障碍。

实用性虚构在弥合创新及其在时尚产业中的应用和实施之间的差距方面发挥着重要作用。如果运用得当，那么它们就有能力解决前面提到的关于创新的三大障碍，并推动时尚业走向理想的未来。这种设计在未来的重要方向是将重点放在穿戴者和行业受众对方案的可理解性和可访问性上。无论是在现实性还是适用性方面，科学和学术环境对于创意和创新的产生都至关重要，但要想对时尚业产生真正的影响，罗素格德（Roosegaarde）为鳄鱼（Lacoste）品牌所展示的可访问性是未来的关键。

安克·琼格詹（Anke Jongejan）是荷兰乌得勒支艺术大学（University of the Arts Utrecht，HKU）时尚系的主任。她还拥有一家名为时尚未来（Fashion Futures）的公司。公司的目标是通过思辨设计和设计虚构的方法，让事物变得有形和真实，使未来的抽象愿景切实可行 (www. fashionfutures.org)[2014-15_19]。在她的领英主页上，陈述了她是如何发现"时尚……这是最吸引人的领域，有很大的改变空间（如果你准备好接受挑战的话）"。安可（Anke）教育年轻的时尚专业人士如何在这一领域成为眼光敏锐的行动者。

[1] Barnard，M. (1996). Fashion as Communication. New York: Routledge.

[2] Woodward，S. (2009). 'The Myth of Streetstyle' in Fashion Theory. (vol 13，iss 1). pp. 83–102.

[3] Dunne，A and Raby，F. (2013) Speculative Everything; Design, Fiction and Social Dreaming. Cambridge: MIT press.

[4] Dijksterhuis，E. (2015). "De Grote omwenteling" in Dude，Dutch Designers Magazine. (ed. 4). pp. 38–42.

开拓性项目

PerFlex 定制化产品项目

布里吉特·科克
巴特·普赖姆布姆
尼克·范·斯莱文

如今，商用三维印刷可穿戴产品已经上市。这些产品主要由大公司生产，可供消费者的选择有限，为消费者提供一些"一种尺寸适合大多数人"的产品，而不是"一刀切"产品，即想用"一种尺寸适合所有人"。PerFlex 通过生产"适合你的独特尺寸"的定制化产品来消除这种限制。这是通过将设计师制作的参数化模式与输入的人体数据相结合，从而生产个性化的三维产品，产品范围从鞋子到内衣。

http://perflex.design/

2017_37

在 2018 荷兰设计周"时尚？目前服饰的未来设计"时装发布会上亮相的 Perflex 定制化产品。
摄影：阿曼多·罗德里格斯·佩雷斯

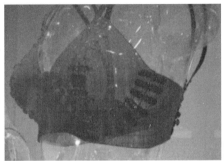

三维印刷文胸
摄影：铃木翔（Sho Suzuki）

三维印刷内衣
摄影：铃木翔（Sho Suzuki）

三维印刷机
摄影：铃木翔（Sho Suzuki）

Res Materia 项目

桑·卡森伯格（Sanne Karssenberg）

　　Res Materia 研究项目提出了一种直接的个性化服装再生产形式。该项目为可持续和具体化的服装再生产提供了一个未来的视角。产品及其再生产过程都与穿戴者息息相关。该项目包括以下流程：一个人带来一件过时的衣服，这是一件不想扔掉但也不想再穿的衣服；衣服被碎纸机粉碎；穿戴者进入一间小屋，小屋内产生一股旋风，风中都是衣服残余纤维，也称纤维风暴。

　　纤维风暴在穿戴者身上形成了一个新的独特的纺织层，这样，服装不再代表新事物，而是成为变革和转化的媒介。

http://www.sannekarssenberg.nl/
https://youtu.be/0uegtok3-i8

2017_38

Res Materia 项目展品
©桑德·范·韦滕

碎布服装
摄影：G-Star 时装公司

太阳能风衣

研究设计公司、黛西·范·伦豪特

研究设计咨询公司 Lithe Lab 设计的太阳能风衣是 Aimey 坐式服装系列的一部分。这种风衣可以为穿戴者所携带的设备以及服装中传感器和执行器的电池充电。当穿戴者身处户外阳光下，甚至在明亮的办公室灯光下时，他们可以把太阳能板放在椅子靠背上。Aimey 系列是为那些大部分时间坐着的人而设计的。这种衣服可以感知穿着者是否以正确的姿势坐着，可以按摩可能形成褥疮的部位，身体不能调节体温时，还可以进行加热。

Lithe Lab 公司设计超个性化的医疗辅助产品，并与产品穿戴者进行合作，研究功能和美学可能性。

http://www.lithelab.com/

2017_39

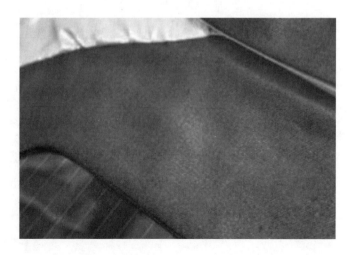

背面细节

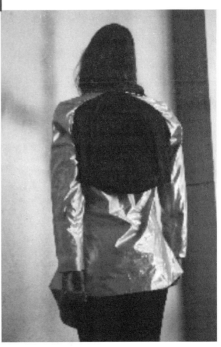

摄影：比安卡·戈里尼（Bianca Gorini）

智能睡眠设备

飞利浦

飞利浦公司设计生产了一款智能睡眠（Smart Sleep）设备，这款设备可以保证穿戴者在不改变睡眠时长的情况下，醒来时会感觉到休息得更好、更精神。该设备通过智能睡眠头带对穿戴者的睡眠模式进行跟踪，结合声音和一款可主动改善这些睡眠模式的应用程序来实现。用户反馈显示，他们的睡眠改善了80%。该设备最早的原型是由 by-wire. net 网站平台开发的。

http://www.usa.philips.com/c-e/smartsleep.html
https://youtu.be/d9E5O-AAd2M

2017_40

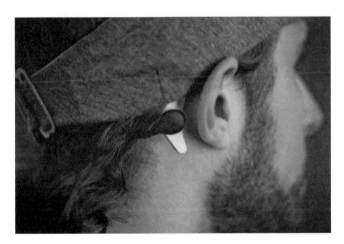

智能睡眠设备
摄像：飞利浦公司

便携式传感器实验室和圣诞树

Beam Contre Choc 设计工作室

　　便携式传感器实验室和圣诞树是可用于实验和教育的交互式纺织品和电子产品的布料样本系列。带有电源和开关的独立织物，可以安装在衣服上测试效果和功能。此外，Beam Contre Choc 设计工作室正在努力将织物和光线结合起来，通过使用微控制器和传感器，这种组合更加和谐、优美，展现了作为一个群体中的个体的巨大而又难以察觉的感受。

http://www.flickr.com/photos/contrechoc/

https://www.youtube.com/watch?v=Jom178hT7BY

2018_41

在 2018 年荷兰时尚设计周"时尚？目前服饰的未来设计"发布会亮相的便携式传感器实验室（Portable Sensorlab）

摄影：阿曼多·罗德里格斯·佩雷斯 (Armando Rodríguez Pérez)

2018 年荷兰时尚设计周"时尚？目前服饰的未来设计"发布会亮相的圣诞树服装
（Weihnachtsbaum）
摄影：阿曼多·罗德里格斯·佩雷斯

LABELEDBY 三维印刷服装

法比安·范·德·魏登
杰西卡·乔斯

　　LABELEDBY 是一家位于荷兰埃因霍温的研究与技术开发工作室,提供设计专业知识、合作创意服务和独家产品,并始终在寻找探索和开发新技术的可能性,如三维印刷和激光切割。他们认为设计师的责任是通过激发灵感、质疑现状将历史和未来带入现实,同时与社会分享。

　　LABELEDBY 为卡琳沃格(Karin Vlug)品牌制作三维印刷纽扣、扣眼和装饰,为消费者制作自己构思的服装。

https://www.labeledby.com/

2018_42

法比安和杰西卡在工作,照片由耶隆·考克斯(Jeroen Cox)拍摄

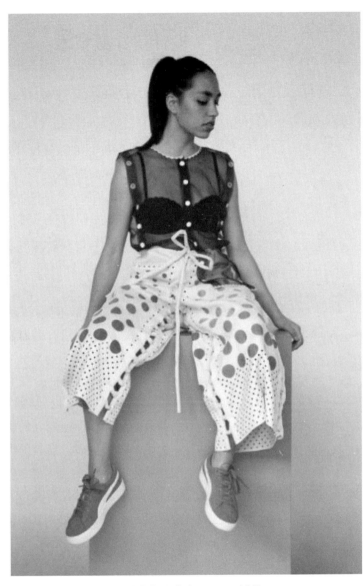

LABELEDBY 三维印刷服装，为卡琳·沃格（Karin Vlug）制作

第八章

设计可穿戴技术：一种物质

宝琳·范·东恩、奥斯卡·托米科

　　当今社会非常重视技术的发展和创新。虽然我们确实依赖新技术来克服正面临的一些全球性挑战，但是我们有时会冒着将技术神化的风险。这种理念引导人们（包括设计师和工程师）认为新技术比现有技术更独特。当技术被有别于其他材料加以对待时，就会出现一种技术官僚主义的做法。对技术的普遍理解不是针对材料，而是针对工具或仪器，特别是在可穿戴技术的情况下，我们发现这是有问题的。从这个角度来看，技术提供了额外的功能，而设计的其余部分（在这种情况下即一件服装）必须服务于这个目的。然而，可以说，在日常生活中，服装和配饰与工具一样，也是一种材料的人工制品。技术可以实现新型的相互作用并带来不同的材料特性。但是，重要的是不要忘记所有材料都只是在一些方面是活跃的或在某种程度上具有响应性。例如，羊毛具有调节温度的特性。如果只关注功能，那么就有可能在设计过程中设立一定程度的决定论做法的风险。然而，人们如何解读和使用一项可穿戴技术，只能在一定程度上进行预期。每个穿戴者都会以自己的方式来体验一件衣服，这在很大程度上取决于他们的体验背景。

　　设计师面临的挑战是找到应对这种不确定性的方法，并创造出允许一定变动性的服装。我们希望读者不仅要考虑本书中介绍的服装的功能，而且还要考虑穿一件特定的服装会如何影响你的感觉体验和对世界的感知，或者它会如何改变你的行为。

在后面的内容中，我们将从自己的研究实践出发进行分析描述。我们参加了荷兰的两个大型研究项目：CRISP智能纺织服务（CRISP Smart Textile Services）项目和精致可穿戴品（Crafting Wearables）项目。这两个项目专注于以身体为中心的可穿戴技术的研究开发。作为这些项目的设计研究人员，我们借鉴现象学、通过技术材料为我们的具体实践提供信息[1], [2]。身体体验性是项目的核心，如Vibe-ing[2013_15]、Phototrop[2015_26]和Issho[2017_36]等项目，Vibe-ing是一种通过振动疗法使穿戴者感觉、移动从而达到治疗效果的服装；Phototrope是一种发光的跑步衬衫，可以使团体跑步的参与者之间产生一种新型互动；Issho是一件智能夹克，可以通过轻轻地抚摸穿戴者背部来提高其身体意识。

2017_36，Issho
智能牛仔夹克
宝琳·范·东恩
（Pauline van Dongen）

技术是一种物质

通过开发这些服装以及其他许多服装，我获得的主要观点是：使用实用的方法将技术变成可以触摸和转换的物质，就像设计师通常使用的任何其他材料一样。这意味着这个过程不是从解决一个技术问题开始的，也不会坚持预先确定的技术理念。这就表明，当设计师通过物质的眼光来看待一种特定的技术时，他们不会再以一种普遍化的、不具体的方式来思考它。

例如，了解一种太阳能电池，不能仅仅考虑它的能量收集能力。每种类型的太阳能电池都有其自身的材料特性，如大小、颜色和柔韧性，这使其有别于其他类型的电池[2012-15_13]。太阳能电池的物质特性决定了衣服的形状。薄膜太阳能电池[2014-16]和晶体太阳能电池[2017-39]提供相同的功能，但它们在本质上有所不同。虽然太阳能电池可能代表着"能量收集"和"可持续性"，但它们在设计过程中的作用并不局限

2014_16，太阳能衬衫
宝琳·范·东恩
（Pauline van Dongen）

于这种功能表现。

就像对材料进行切割、模制、组装或装饰一样，设计师可以利用一项技术的物理特性和表现方式来塑造该项技术。一种材料可能只具有一种作用，但设计并不局限于此。这种思维方式开启了一个设计空间，太阳能电池和印刷电路 2018_45 可以成为 T 恤上的打印图案。此外，穿戴衣服的体验以及人们如何参与其中，不仅仅限于活力的产生。通过对可穿戴技术的主观体验的关注，揭示了技术是一种物质，而不是一个功能。

社会接纳的媒介

当把技术作为一种物质来看待时，设计师和工程师可以对技术有更明确、更具体的理解，不再受美观性与功能性之间的二分法 [3] 的影响。人们所提倡的一个突出的观点是：与其把技术看作是与人类对立的东西，还不如把技术看作是人类与世界之间的媒介 [4]。技术哲学，特别是后现象学，为设计实践者提供了一个可以借鉴的理论框架。作为媒介，服装塑造的主观体验总是与穿着者的环境 [5] [6] 联系在一起。在一场团体跑步中，穿着 Phototrope 发光衣的跑步者将能够通过他们衣服上的光来回应其他人，从而实现相互交流。每一个跑步者都通过不断变化的人衣关系与团队互动。服装的材料美学有助于社会原动力，当我们挑战自我、探索可穿戴技术的感官及其相关事宜时，新的设计空间将会打开，这将有助于人们在日常生活中欣赏和利用可穿戴技术。

宝琳·范·东恩（Pauline van Dongen）是一位时尚设计师和研究员，专注于可穿戴技术研究。她的设计工作室致力于跨学科的协同工作，从而使创新和实验得以在可穿戴且理想的产品中得以体现。她的工作非常注重重要性原则。她质疑电子元件、导电纱线和软设备等新材料如何与面料、纺织涂料和拉链等现有的服装技术相关联。目前，她正在埃因霍温理工大学（Eindhoven Technology University）参与精致可穿戴品（Crafting Wearables）项目（2013~2018 年），完成有关可穿戴技术设计实践的博士学位，其最终目的是促进设计可穿戴技术的实践以及可穿戴技术在日常时尚中的应用。

奥斯卡·托米科（Oscar Tomico）是西班牙巴塞罗那 Elisava 工业设计工程学士课程负责人、埃因霍温科技大学（Eindhoven University of Technology）助理教授以及荷兰创意产业科学计划（CRISP）智能纺织服务（Smart Textile Services）[2011-15_15] 项目的负责人。奥斯卡正在研究软互动，他目前的项目专注于纺织行业，并在设计过程中让利益相关者参与进来，以软可穿戴产品的形式创建超个性化的智能纺织服务。奥斯卡通过在世界各地举办讲座和研讨会分享他的知识。他在埃因霍温理工大学 (Eindhoven University of Technology) 的可穿戴感官实验室 (Wearable Senses Lab) 指导宝琳（Pauline）获得了博士学位。

[1] Tomico, Oscar, and Danielle Wilde. 2016. "Soft, Embodied, Situated & Connected: Enriching Interactions with Soft Wearables". mUX: The Journal of Mobile User Experience, 5 (1). https://doi.org/ 10.1186/s13678-016- 0006-z.

[2] Smelik, Anneke, Lianne Toussaint, and Pauline Van Dongen. 2016. "Solar Fashion: An Embodied Approach to Wearable Technology". International Journal of Fashion Studies, 3 (2): 287‐303.

[3] Joseph, Frances, Miranda Smitheram, Donna Cleveland, Caroline Stephen and Hollee Fisher.'Digital Materiality,

Embodied Practices and Fashionable Interactions in the
Design of Soft Wearable Technologies'. International Journal
of Design, 11 (2017),

[4] Ihde, Don. Technology and the Lifeworld: From Garden to
Earth, Bloomington. IN: Indiana University Press, 1990.

[5] Van Dongen, Pauline. Forthcoming, 2019. A Designer's
Material Aesthetics Reflection on Fashion and Technology.
PhD Thesis, University of Technology, The Netherlands.
ArtEZ Press.

[6] Verbeek, Peter-Paul. 2005. What Things Do: Philosophical
Reflections on Technology, Agency, and Design. Penn State
Press.

开拓性项目

鲜活色彩（Living Colour）项目

劳拉·卢克曼

伊尔法·西本哈尔

这是一个生物设计研究项目，旨在研究一种利用产生色素的细菌对纺织品进行染色的自然方法。活性染料是人造纺织染料的可持续替代品，可用于天然纤维和合成纤维。在用细菌进行"生物染色"的过程中，可以产生一种使生物降解的染料，它的流失量很小、用水量少、染色温度低，不需要使用有毒化学药品、纺织品处理剂或固色剂。细菌可以在来自（农业）废弃物的素食营养中培养出来，剩余的颜料可以用于需要较少饱和颜料的产品。

https://livingcolour.eu/

2018_43

2018 年荷兰时尚设计周"时尚？目前服饰的未来设计"发布会上亮相的鲜活色彩产品
摄影：劳拉·卢克特玛（Laura Luchtman）

摄影：劳拉·卢克特玛（Laura Luchtma）

无码商店

比安卡·戈里尼

　　众所周知，在过去的50年里，衣服上标注的尺寸一直不能让人完全信任，不合身的衣服造成了大量的退货和浪费。此外，一些消费者会根据具体的尺码以及他们的身体是否符合这些尺码来进行价值判断。无码商店（The Sizeless Store，TSS）希望提出一种不存在服装尺寸的现实。无码商店使用移动三维扫描和新技术引导消费者购买最合适的服装，而不需要尺寸码。

　　http://www.biancagorini.com/the-sizeless-store/（网页已无法访问）

　　https://youtu.be/586hFmBVuRM

2018_44

2018 年荷兰时尚设计周"时尚？目前服饰的未来设计"发布会上亮相的无码商店（The Sizeless Store）

闭环智能运动休闲时尚服装

霍尔斯特中心（Holst Centre）、
Studio Bonvie 工作室、
by-wire.net 网站平台

　　闭环智能运动休闲时尚服装系列（Closed Loop Smart Athlease Fashion collection）是专为时尚、运动和具有前卫思维的女性设计的衬衫系列。这种衬衫采用的技术可以测量你的健康状况、跟踪记录心跳和呼吸。这项技术是基于霍尔斯特中心（Holst Centre）研发结果：在柔性基板上对纺织品进行集成的先进的压电薄膜传感器技术。该压电薄膜传感器的设计是为了实现在日常穿着和常规服装生产中进行无干扰的集成。

　　租赁和回收系统是一个闭环系统，这样使用者就不用担心衣服不再有用时该怎么办了。服装的一些部分使用了高技术再生材料 Econyl®，该技术部件可以从衬衫上剥离，并回收利用。闭环系统使它成为一种更可持续的服装生产、穿着和处理方式。

http://www.by-wire.net/clsaf/
https://youtu.be/6NHGZ1gooNM

摄影：桑恩·科尔图姆斯（Sanne Kortooms）

2018_45

展现时尚科技：光明未来的先驱

Studio PMS 时尚集团数字化时尚产品项目

帕克·马滕斯

梅尔·克罗岑

苏珊·穆德

Studio PMS 是一个高度重视数字化和创新的时尚集团。在开始进行数字设计之前，他们竭力反对行业的层次结构，渴望一个可以共享和跨学科创作的大环境。PMS 认为，未来是一场渐进式的革命，通过创造有形的、可感知的数字化方式，可以减少生产过剩和消费过剩。"追求触感"（In Pursuit of Tactility）是他们做的第一个项目，也是他们数字化满足之旅的开始。设计师通过提供新的方法来享受数字化世界中的服装，这种方法在时尚行业中变得越来越突出。他们希望通过自己的工作来传达、刺激和连接当前的时尚产业，并沿着创新和数字化的路线进一步推动其设计美学。这里所示项目产品为荷兰"框架杂志"（Frame Magazine）而设计制作。

http://www.studiopms.nl/

http://www.studiopms.nl/img/trailer%20IPOT.mp4（网页已无法访问）

http://www.studiopms.nl/collections/in-pursuit-of-tactility（可以用来替代上面网址，如果不会引起其他问题）

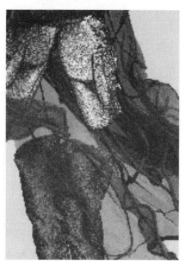

为"框架杂志"设计制作的数字化服装

2018_46

织物反射

海伦·范·里斯

　　海伦·范·里斯是一位荷兰时尚和纺织品设计师。她以传统轮廓和服装形状为基础设计现代服装，采用独特的纺织品和手工制作面料，具有对比鲜明的纹理和创新的外观。她在设计中通常将工艺与新技术和不同寻常的面料相结合。海伦是一位环保意识很强的设计师，她在产品中使用有机纺织品和生产剩余物。除了时尚外，她还与特文特大学（University of Twente）和萨克逊大学（Saxion a.o）合作开发可穿戴产品。在这里，重点在于创造用于指导情境的触觉反馈纺织品，如姿势矫正背心和呼吸训练器。

http://www.hellenvanrees.com/
https://vimeo.com/206693657

2018_47

面料细节

织物反射系列（Textile Reflexes collection pieces）

魔术衬里项目

克里斯蒂·库斯克

魔术衬里（Magic Lining）项目计划研制一种服装，这种服装可以使穿着者感觉到好像他们的身体由不同的材料制成。当穿着者从他/她自己的身体转移到大理石上，或反过来，从大理石转移到身体上时，过渡时刻会发生什么？这是一个与心理身体表征（Mental Body-Representation，MBR）、人机交互（Human-Computer Interaction，HCI）以及现实生活中智能纺织品应用相关的神经科学交叉领域研究项目，该项目提出了关于服装意义的问题。

项目合作伙伴：安娜·塔贾杜拉（Ana Tajadura）和亚历山大·沃贾梅（Aleksander Väljamäe）。

http://www.kristikuusk.com/
http://www.vimeo.com/289294125

摄影：艾里斯·基维萨尔（Iris Kivisal）

2018_48

UNSEAM 数字化产品项目

卡琳 · 沃格

巴斯 · 弗隆

UNSEAM 是由巴斯 · 弗隆（Bas Froon）和卡琳 · 沃格
（Karin Vlug）创立的一个项目，旨在开发新技术，研究制
造数字化服装和按需服装生产方法。使用简单的数字化技
术，如激光切割和压电薄膜技术。使用这种技术，不再对
接缝进行缝合，而是通过巴斯开发的微型压模机将接缝合
上。使用 UNSEAM 自行开发的基于材料属性的工艺，通过
编程实现的三维形体出现在生产过程的最后阶段。数字服
装生产复杂而昂贵的原因是纺织品很难用三维机器进行加
工处理，因为需要昂贵的机器人技术。UNSEAM 使用相对
简单的可在工业上使用的机器在平坦的表面工作。

http://www.unseam.nl/

摄影：杰罗恩·迪茨
（Jeroen Dietz）

2018_49

展现时尚科技：光明未来的先驱

Phem 表面动态变化的数字化面料项目

安吉拉·麦基

Phem 项目是一个时尚品牌概念，其服装采用的是动态、表面变化的面料。它也可以被理解为一种对织物面料的设计探索。这种织物面料可以像电脑屏幕那样变化图案。该项目的发起始于我们的一些好奇，如穿这样的面料会是什么感觉？用这些动态变化的面料来概念化并打造一个时尚品牌会是什么样子？

Phem 使用的织物面料与增强现实技术类似，增强现实技术是通过智能手机屏幕实现，而 Phem 是通过现实生活达成。然而，功能并不是主要目标，制作这些服装以及随附的时尚视频影片，是一种探索如何穿着和设计将数字和物理相结合并应用于服装的方法。就像我们今天的生活方式一样（在数字和物理体验之间穿梭），我们想探索如何将这个空间用于时尚表达，诸如：它会漂亮吗？它可以是女性化的吗？它能让我们有感觉吗？在日常生活中（比如在看报纸或喝咖啡时）这是否有意义？

http://www.phem.design/
https://vimeo.com/312729991

2019_50

展现时尚科技：光明未来的先驱

使用表面动态变化的面料的服装

下一步做什么？
回顾过去，展望未来

玛丽娜·托特尔斯

在过去的 50 余年中，时尚业在生产和加工系统方面的创新一直停滞不前，繁华的商业街上服装产品的技术引入也停滞不前。为了改变这种状况，我们需要合作，建立新的生态系统，并进行系统性的变革。本书中描述的方式、方法和工具可以带来时尚行业的改革。

2000 年，飞利浦公司在收集用户偏好和创新对社会影响的数据方面走在了最前沿，并克服了公开发布中许多技术和生产方面的障碍。2000 年底，荷兰 V2 艺术家团体倡议的电子纺织工作区（E-textile Workspace）是该领域的开发人员和设计师们定期聚会的一个场所。该倡议鼓励支持参与者的批判性思维和信念，参与者包括皮姆·沃特斯（Piem Wirts）、梅丽莎·科尔曼（Melissa Coleman）[2009_03]、里卡多·奥纳西门托（Ricardo O'Nascimento）、梅格·格兰特（Meg Grant）[2012-15_13]和安雅·赫腾伯格（Anja Hertenberger）[2019-14_05]。埃因霍温大学 (University of Eindhoven) 的可穿戴感官实验室 (Wearable Senses Lab) 也将自己定位为研究和教育的中心。目前，荷兰所有的教育机构都提供智能纺织或互动创新的时尚课程、研讨会或讲习班，Beam Contre Choc 设计工作室就是其中的一个范例[2018_41]。

2009_03，媒体复古 –
查理（Charlie）服
梅利莎·科尔曼
（Melissa Coleman）

全球影响

荷兰的时尚科技社区相对而言比较小，但荷兰的先驱们是全球为时尚产业创造更好、更可持续未来的"智库"的重要组成部分。梅格·格兰特（Meg Grant）现在就职于美国服装公司 Seismic。她解释了美国和欧洲的区别：

> "21世纪初，电子纺织品领域的很多真正尖端产品都出现在欧洲，其中很多出现在荷兰。我认为这部分与国家的支持有关，当然也因为当时的人对它感兴趣。当然，在加拿大也有一些像乔安娜·贝佐斯卡（Joanna Berzowska）、凯特·哈特曼（Kate Hartman）等人的作品，但我觉得美国的作品更实用，例如来自 Instructables 社区的作品 Lilypad、Adafruit 以及贝基·斯特恩（Becky Stern）和琳恩·布鲁宁（Lynne Brunning）的作品等！"

2016_31，独角兽（Agent Unicorn）头饰
阿努克·维普雷希特
（Anouk Wipprecht）

阿努克·维普雷希特（Anouk Wipprecht）是一位荷兰时尚科技设计师，他在荷兰乌得勒支艺术大学（University of the Arts Utrecht，HKU）接受过教育，目前正在佛罗里达为英特尔（Intel）、欧特克（AutoDesk）和施华洛世奇（Swarovski）等客户设计科技时尚产品。荷兰设计师杰西·阿杰斯（Jesse Asjes）也来自乌得勒支艺术大学，曾在罗德岛设计学院（Rhode Island School of Design）任教，目前担任美国耐克（Nike）的针织设计师。她说道：

2009_04，协作纺织：
时尚与内饰

> "由于我的教育背景和专业背景都携带我的荷兰设计 DNA，我可以保证荷兰设计师是伟大的合作者，他们高度重视团队合作，并通过他们利用现有知识的

方式很好地展示了团队合作。大家都积极地分享想法并创建新的主意。在我看来，他们对自己的能力很有信心，也充分表达了各自的意见和想法，这些都是可以突破界限推动发展的宝贵资产。荷兰设计 DNA 包含对开发产品的探索和好奇，这与创新思维产生了良好的共鸣。我们渴望新鲜事物，并在寻找不同方式去做事情。"

杰西·阿杰斯（Jesse Asjes）认为，美国设计师在营销时尚技术和如何使设计产品具有商业可行性方面有很大的天赋，但这可能会造成在设计简化和有效性方面做出妥协。她说道：

"（荷兰设计师）表现出强烈的批判性制作倾向，因此我们有时会忽略已经具备的优势。在庆祝我们拥有的东西的基础上，我们可以变得更强大，并基于现有工作成果设计创建新的产品。"

同样地，亚洲企业的最大优势是在家门口拥有最大的制造中心，它们把大规模生产和产品销售作为首要目标。因此，他们时常专注于可穿戴时尚技术的大规模生产上。上海同济大学设计创意学院的助理教授、曾经在埃因霍温理工大学就读博士的王琦[2015_27]注意到以下区别：

"荷兰可穿戴时尚设计师的独特之处在于他们所从事的研究的复杂性，以及他们进行更深入研究和开发的能力。最重要的是，他们在开发原型和产品时利用了同理心，根据穿戴者的个人体型和愿望定制设计。"

王琦补充道：

"中国的初创公司积极推动各种可穿戴系统的制造，并以高效率的执行力向公众提供价格合理的产品。"

欧洲的体系更有助于对研发的重视，而飞利浦等公司意识更强，也更愿意在长期项目和市场研究上投入时间和金钱。尽管如此，现任中国苏州西交利物浦大学设计硕士课程主任、曾获埃因霍温理工大学博士学位的马丁·坦恩·博默（Martijn ten Bhomer）[2015_25, 2013-15_15] 同意王琦的观点，他说道：

"在荷兰，丰富的研究环境促成了多元的产品创新，这很好，但我们希望能从亚洲生产流程、效率和速度中学到更多东西。"

欧洲服装可持续发展计划（WEAR Sustain program）[1] 资助了将近50个项目，这些项目涉及设计和零售时尚产品的新型可持续方式以及创新的生产解决方案 [2018_45, 2018_47, 2018_49]。数据公司 DataScouts 的首席执行官兼联合创始人、欧洲服装可持续发展计划的联合合伙人英格丽·威廉姆斯（Ingrid Willems）解释了她的公司对这种定制化、同理化设计项目的兴趣：

"纵观所有欧洲服装可持续发展项目，很明显，荷兰是可穿戴技术的热点。荷兰可穿戴技术领域的设计师、学术界、科技初创企业、导师和专家所组成的生态系统与国外的许多环节紧密相连。"

走向未来

我们正处在时尚科技发展的"十字路口"。时尚科技先锋群体充满活力的发展和创新速度、生产者和市场可获得的技术以及消费者对变革的需求,为该领域的未来提供了令人兴奋的前景。

那么接下来会发生什么呢？ UNSEAM[2018_49] 项目开发了一种创新的本地生产工艺,使用该工艺技术生产服装无须缝制,而缝制是服装生产中劳动最密集的步骤。Perflex 项目[2017_37] 通过三维印刷生成设计来制造完全定制的服装;"这个适合我"（This Fits Me）[2015_29] 项目推出的个性化时装系统也采用了三维扫描技术。LABELEDBY[2018_42] 项目将纺织品和三维印刷技术相结合,并在像孟加拉国这样的服装生产国受到关注。安吉拉·麦基（Angela Mackey）在她的 Phem 项目[2019_50] 中探索了使用智能手机应用程序对服装进行美学和虚拟动画处理的可能性。Studio PMS[2018_46] 项目更进了一步,在不产生任何实体对象的情况下使视觉服装变得真实和有触感。"姿势"（Zishi）感应服装[2015_27] 和"魔术衬里"（Magic Lining）[2018_48] 项目采用了可以改善服装与身体互动方式的集成技术。这些技术很快就会进入市场。"闭环智能运动休闲时尚"（Closed Loop Smart Athleisure Fashion）[2018_45] 项目表明,使用可持续的生产方法,通过租赁系统实现创新的闭环商业循环模式,采用集成技术可以创造出一款对身体有益的完全可定制的产品。

未来就在眼前,时尚技术将为我们今天面临的问题提供替代解决方案,在未来扮演重要角色。这个领域的人才、知识和动力储备巨大。我坚信,用不了多久,时尚技术就会最终成为主流。无论你是设计师、技术专家、学生还是消费者,我们都需要您成为这个不断变化的范式的一部分。

2018_42，LABEL-EDBY 三维印刷产品

2018_45，闭环智能运动休闲时尚服装

我们希望，阅读这本书是一个良好的开端，或可推动您继续为我们精彩的时尚科技领域做出贡献！

[1] WEAR Sustain (2017)：WEAR Sustain 项目已获得欧盟 Horizon 2020 研究与创新计划的资助，资助号为 732098。

后记

　　如果没有我的同行先驱们的灵感、设计成果分享以及参与，我就无法完成本书，书中包括许多同行先驱们的成果描述。由于内容及空间有限无法涵盖每个人的成果，但是您的工作及其成果非常值得赞赏。同时，我很自豪也很高兴看到这么多的年轻人和以前的学生也出现在这本书里，这使我对未来充满信心，我相信时尚界的美好未来是不可避免的。

　　感谢为本书出版做出贡献的所有作者：柯恩（Koen）、洛伊（Loe）、宝琳（Pauline）、利安妮（Lianne）、丹尼尔（Danielle）、仁斯（Rens）、本（Ben）、简（Jan），谢谢你们的善意，同意通过本出版物与公众分享你们的宝贵知识，并在我多年担任这一领域的时尚科技设计师期间为我提供的巨大的灵感来源。

　　除了感谢所有作者的贡献外，我还想特别感谢以下人：斯蒂芬（Stephan），谢谢您赞助 2018 年荷兰设计周期间的主题活动"时尚？目前服饰的未来设计"，为我这本书的出版面世埋下种子，并支持我开始着手编写这个可以作为永久性参考的总结性文献；感谢仁斯（Rens）和露西（Lucie）的支持；感谢盖尔（Gail）在语言方面的贡献，这在很大程度上提高了内容质量；感谢奥斯卡（Oscar）、安克（Anke），再次感谢马特希斯（Matthijs），感谢你们成为我这本书的严格复审者、讨论伙伴以及书名的命名者。

　　感谢黛西（Daisy），在我所有的职业活动中您始终是我值得信赖的后盾，感谢您成为我相辅相成的合作者，在这本书的编写过程中，我有时感情用事，但您却能做出理性的决定。

亲爱的辛迪（Cindy），感谢您在最合适的时间申请实习！您在历史和理论方面的专业知识、对时尚创新的兴趣、杰出的写作技巧，以及令人愉快的参与对本书的编写提供了极大的帮助，本书有您参与是一种快乐！

感谢伊娃（Eva）和弗里克（Freek）以如此经验丰富和专业的方式支持此书的编写出版。感谢所有认为开发此出版物是一个好主意的人，这使本书的编写完成成为一个非常愉快的过程。

玛丽娜·托特尔斯

Issho 智能牛仔夹克细节，2017_36

宝琳·范·东恩（Pauline van Dongen）

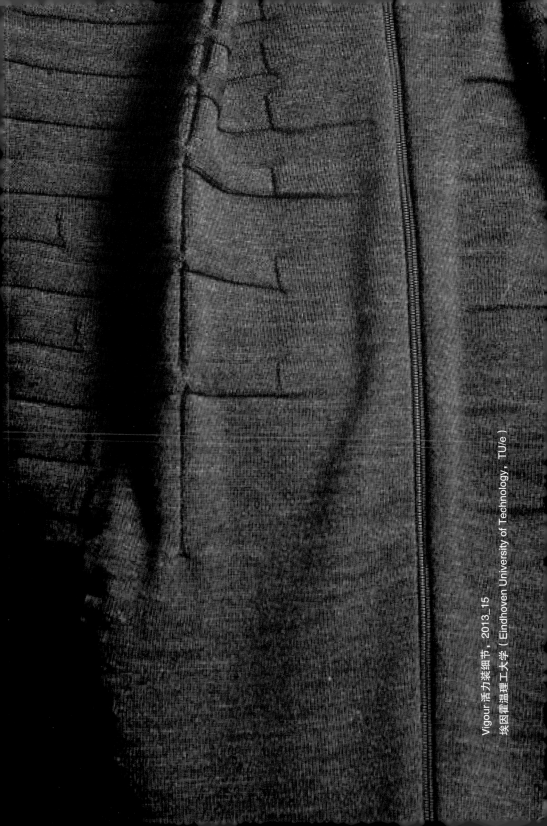

Vigour 活力装力装细节, 2013.15

埃因霍温理工大学 (Eindhoven University of Technology, TU/e).

Phem 表面动态变化的数字化面料细节，2019_50

安吉拉·麦基（Angella Mackey）

Living Colour 鲜活色彩 产品细节, 2018_43

劳拉·卢克曼（Laura Luchtman）

伊尔法·西本哈尔（Ilfa Siebenhaar）

亮面夹克（Bright Jacket）细节，2015_20
霍尔斯特中心（Holst Centre ）
by-wire.net 网站平台

MycoTEX 菌丝体织物细节, 2015_24

安妮拉·霍伊琳克（Aniela Hoitink）

NEFFA 时尚品牌

伊利亚 2016 年春夏同化系列（ILJA
ASSIMILA SS16）灯光时装细节，2016_33

伊利亚・维瑟（Ilja Visser）

by-wire.net 网站平台

UNSEAM 数字化产品细节，2018_49
卡琳·沃格（Karin Vlug）
巴斯·弗隆（Bas Froon）